Praxisbuch Agilität

André Häusling, Esther Römer, Nina Zeppenfeld

Praxisbuch Agilität

Tools für Personal- und Organisationsentwicklung

1. Auflage

Haufe Gruppe
Freiburg · München · Stuttgart

Bibliografische Information der Deutschen Nationalbibliothek

Die Deutsche Nationalbibliothek verzeichnet diese Publikation in der Deutschen Nationalbibliografie; detaillierte bibliografische Daten sind im Internet über http://dnb.dnb.de abrufbar.

Print:	ISBN 978-3-648-10158-2	Bestell-Nr. 11427-0001
ePub:	ISBN 978-3-648-10159-9	Bestell-Nr. 11427-0100
ePDF:	ISBN 978-3-648-10160-5	Bestell-Nr. 11427-0150

André Häusling, Esther Römer, Nina Zeppenfeld
Praxisbuch Agilität
1. Auflage 2018

www.haufe.de
info@haufe.de
Produktmanagement: Christiane Engel-Haas

Lektorat: Peter Böke, Berlin
Satz: Reemers Publishing Services GmbH, Krefeld
Zeichnungen: chrispy simon, Berlin, www.chrispy-simon.de
Fotos: Marc Thürbach, http://www.marcthuerbach.de, www.unsplash.com
Umschlag: RED GmbH, Krailling
Druck: BELTZ Bad Langensalza GmbH, Bad Langensalza

Inhaltsverzeichnis

Vorwort

Kennt Ihr das? Etwas Neues beginnen, die ersten Eindrücke, die ersten Begegnungen, die ersten Versuche, das erste Scheitern und die ersten Erfolge. Wir erleben tagtäglich Unternehmen, die sich mit Agilität auseinandersetzen. Aus unterschiedlichen Branchen, mit unterschiedlichen Herausforderungen und meist sehr unterschiedlichen Startbedingungen. Zuerst sind da die Methoden und Prozesse, doch nach Lehrbuch funktioniert »agil werden« nicht. Diese Erkenntnis reift mitunter sehr schnell.

Hinter agilen Prozessen und Methoden stecken vor allem Werte, Haltungen und Prinzipien der Zusammenarbeit. Wir haben in vielen Workshops und Trainings festgestellt, dass sich diese erfolgskritischen Aspekte nur schwer rational vermitteln lassen. Vielmehr gilt es, Mitarbeitern und Führungskräften Erfahrungsräume zu schaffen, in denen sie agile Werte, Prinzipien und Haltungen erleben. Tools (zuweilen mit sehr spielerischen Elementen) bieten sich gut an, um bestimmte Werte und Prinzipien erlebbar zu machen und in den Arbeitsalltag mit den Teams zu integrieren.

So ist im Jahr 2016 zunächst die Serie »Agile Tools« im Personalmagazin entstanden und daraus hat sich die Idee zu diesem Buch entwickelt. Wir haben viele wirkungsvolle Tools zusammengetragen. Dabei haben wir unsere Kolleginnen und Kollegen von HR Pioneers, unsere Kunden und unser Netzwerk nach ihren besten Tools gefragt, die im Kontext von Agilität für sie wirkungsvoll sind. Das Ergebnis haltet Ihr in Euren Händen.

Es freut uns ganz besonders, dass in diesem Buch zahlreiche Augmented-Reality-Elemente enthalten sind. Ihr werdet an vielen Stellen, die durch ein Haufe-smARt-Icon markiert sind, Hinweise zu Dokumenten, Videos und Arbeitsvorlagen entdecken. Wir finden, dass das hervorragend zu dem Stil dieses Praxisbuchs passt!

Dieses Buch ist eine Teamleistung. Wir sind sehr vielen Menschen dankbar, die uns unterstützt haben:

- Ein ganz besonderer Dank gebührt den Teilnehmerinnen und Teilnehmern unserer Befragung. Wir konnten in diesem Buch sehr viele, aber leider nicht alle Vorschläge von Euch aufgreifen.
- Danken möchten wir unseren Kolleginnen und Kollegen von HR Pioneers für ihre Inspiration, ihre Ideen und ihre Bereitschaft, sich auf viele Experimente einzulassen.

- Wir danken dem Haufe Verlag für die professionelle Begleitung und die Kreativität in der Umsetzung der Buchidee.
- Chrispy Simon gebührt großer Dank für seinen unermüdlichen kreativen zeichnerischen Einsatz in diesem Buch.
- Wir sind unseren Freunden und Familien sehr dankbar für ihre Unterstützung.

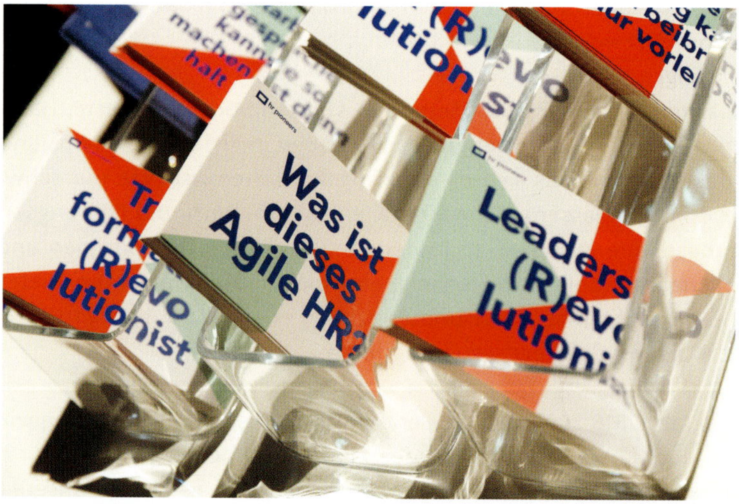

Besucht die Website der Autoren

Über Rückmeldungen, Anregungen und neue Ideen freuen wir uns per E-Mail an marketing@hr-pioneers.com. Wenn Ihr das Bild mit der Haufe-smARt-App scannt, gelangt Ihr direkt in die E-Mail-Funktion Eures Smartphones.

Wir wünschen Euch viel Spaß beim Ausprobieren und Erleben der Tools!

André, *Esther* und *Nina*

Teil I: Mythos Agilität – eine Einleitung

Agilität ist längst nicht mehr nur in der Softwareentwicklung verbreitet, sondern in vielen Unternehmensbereichen und oft im gesamten Unternehmen. Heute beschreibt *Agilität* die Fähigkeit einer Organisation, sich kontinuierlich an ihre komplexe, turbulente und unsichere Umwelt anzupassen. Denn je schneller und dynamischer Organisationen auf Veränderungen in ihrer komplexen, turbulenten und unsicheren Um- und Inwelt reagieren können, desto wettbewerbsfähiger sind sie (Dove 2001). Über die Steigerung der Reaktionsgeschwindigkeit und die Anpassungsfähigkeit hinaus ist es essenziell, dass agile Unternehmen den Wandel vor allem selbst antizipieren müssen, um überlebens- und wettbewerbsfähig zu bleiben (Groth 2016). Durch schrittweise, iterative Bearbeitungszyklen können Kundenbedürfnisse und -wünsche direkt berücksichtigt und verarbeitet werden (Fischer et al. 2017).

Im Videobeitrag von Prof. Dr. Stephan Fischer in Kooperation mit der AOE GmbH erfahrt Ihr mehr darüber, was Agilität eigentlich bedeutet. Scannt dazu mit der Haufe-smARt-App das Bild auf Seite 22 und wählt das Interview mit dem Titel »Was ist Agilität?«. Dort findet Ihr auch alle weiteren Interviews zum ersten Teil dieses Buchs.

Externe Treiber von Agilität

Externe Treiber sorgen für einen extremen Umbruch in der Wirtschaft sowie für ein hohes Veränderungstempo in den Märkten. Der technologische Fortschritt ermöglicht eine rasante Geschwindigkeit und exponentielle Zunahme von Veränderungen, Erfindungen und Wissen (Groth 2016). Es entstehen völlig neue Geschäftsmodelle, weil vor allem digitale Technologien zur Entwicklung neuer Produkte oder ganzer Geschäftsmodelle bzw. Märkte beitragen. So drängen ständig neue Mitbewerber auf den Markt, gegen die es sich durchzusetzen gilt (Fischer 2016). Produktlebenszyklen ebenso wie Forschungs- und Entwicklungszeiten verringern sich.

Die Komplexität, Dynamik und Unvorhersehbarkeit der Märkte finden eine weitere Ursache in der globalisierten Wirtschaft. Produktentwicklungen erfordern oft eine internationale Arbeitsleistung und Zusammenarbeit. Dies führt zu einem Geflecht von hochgradig komplexen und unbeherrschbaren Prozessen, Strukturen und Geschäftsbeziehungen (Anderson/Uhlig 2015).

Dies führt zu einer Schnelllebigkeit, in der kontinuierlich neue und innovative Unternehmen entstehen, die bestehende Organisationen vom Markt drängen (Chalons/Dufft 2016). Wem es nicht gelingt, sich kontinuierlich und schnell an diese Veränderungen anzupassen und neue, innovative Geschäftsmodelle zu entwickeln, wird auf dem Markt nicht fortbestehen können (Fischer 2016). Die erhöhte Agilität einer Organisation kann einen Lösungsansatz bieten, um mit den externen Treibern besser umzugehen.

Interne Treiber von Agilität

Als **interne Treiber** lassen sich der Wertewandel und die veränderten Bedürfnisse einer neuen Generation definieren, die nach Selbstverwirklichung und Partizipation verlangt (Armutat et al. 2016). Aber nicht nur die Generation Y ist zunehmend bestrebt, Sinn in ihrem Tun zu finden. So ist es generationsübergreifend der Wunsch vieler Arbeitnehmer, eigenverantwortliche Aufgaben zu übernehmen und Innovationen zu schaffen (Brandes et al. 2014). Dies motiviert Organisationen dazu, team- und siloübergreifend zu arbeiten, Verantwortung abzugeben sowie Organisationsstrukturen und Hierarchien aufzubrechen (Fischer et al. 2017). Ein weiterer interner Treiber ergibt sich aus der Notwendigkeit, Fehler und Komplexität zu reduzieren, indem schrittweise und in iterativen Zyklen mit kontinuierlicher Reflexion zusammengearbeitet wird (Fischer et al. 2017).

smARt HAUFE.

Im Videobeitrag von André Häusling in Kooperation mit der AOE GmbH erfahrt Ihr mehr über interne und externe Treiber von Agilität. Scannt das Foto auf Seite 22 mit der Haufe-smARt-App und wählt das Interview »Agilitätstreiber«.

Die Unternehmensrealitäten

Die Dynamik und Komplexität der Märkte und die erhöhten Anforderungen an viele Organisationen, sich schneller und wirkungsvoller anpassen zu können, stellt viele Unternehmen vor große Herausforderungen. Denn viele Unternehmen beschreiben sich selbst als träge, langsam, hierarchisch. Top-Manager berichten uns immer wieder von langsamen Entscheidungswegen, mangelnder Selbstverantwortung, hierarchischen Führungsstilen und einem ausgeprägten Silo-Denken. Diese beiden Welten treffen nun aufeinander: die steigende Komplexität und Schnelligkeit der Märkte sowie die Trägheit der eigenen Organisation.

Das Trafo-Modell der agilen Organisationsentwicklung

Viele Unternehmen denken Agilität in der Praxis sehr eindimensional. Meistens konzentrieren sich Unternehmen vor allem auf agile Prozesse und Methoden wie Scrum. Dabei finden Transformationen mehrdimensional statt, da die Veränderungen in vielen Bereichen der Organisation notwendig und spürbar werden und sich gegenseitig beeinflussen.

Wir haben in Zusammenarbeit mit Stephan Fischer das Trafo-Modell entwickelt. Es ist ein Modell, um zu erklären, dass die agilen Transformationen in sechs Dimensionen stattfinden. Agile Organisationen benötigen aus unserer Sicht eine sehr konsequente Kundenzentrierung, um sich an die schnell verändernden Märkte anzupassen. Diese Kundenzentrierung findet in drei Dimensionen statt: in kundenzentrierten *Prozessen*, einer kundenzentrierten *Organisationsstruktur* sowie einer kundenzentrierten *Strategie*. Zusätzlich zur Kundenzentrierung benötigen agile Unternehmen eine konsequente Mitarbeiterzentrierung. Mithilfe von selbstorganisierten und selbstverantwortlichen Teams wird die Geschwindigkeit erhöht, um als Organisation schneller einen Kundennutzen generieren zu können. Diese Mitarbeiterzentrierung findet in den Dimensionen *Führung*, *HR-Instrumente* und *Kultur* des Unternehmens statt.

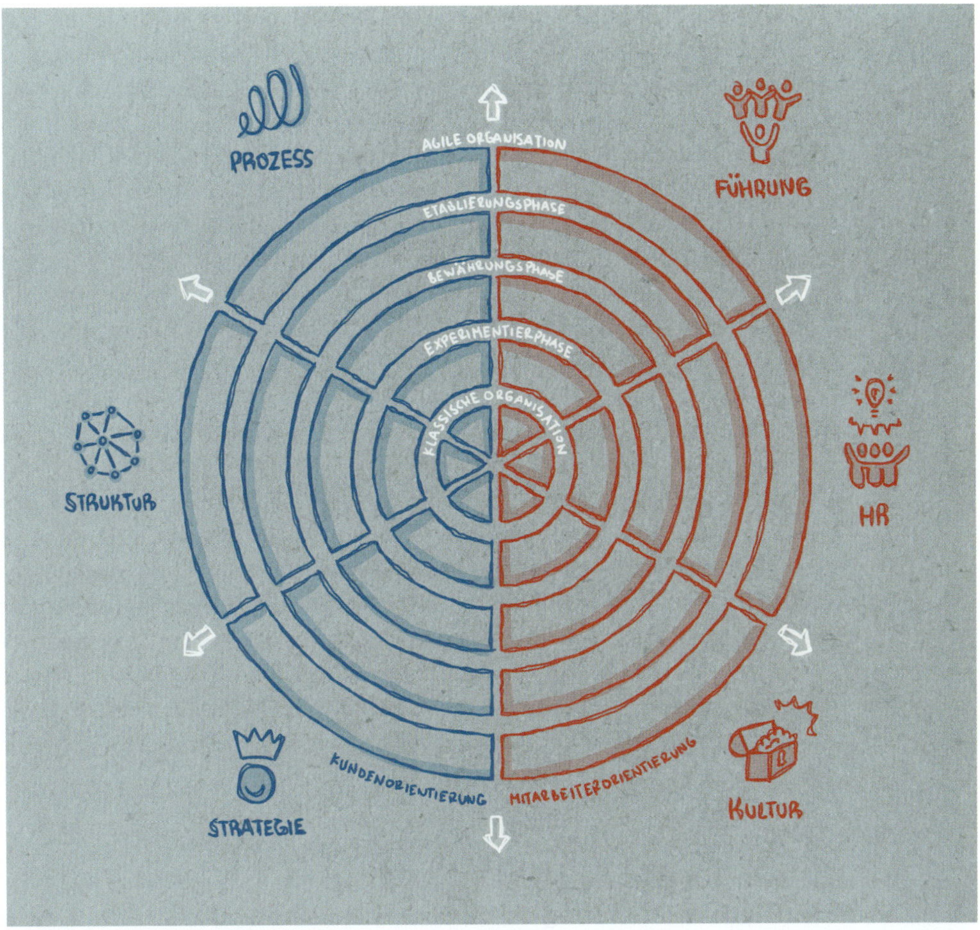

Das Trafo-Modell (Grafische Gestaltung von chrispy simon)

Erste Dimension: Agile Prozesse einführen

Die bisherigen Vorgehensweisen, die sich am hierarchischen Modell des Wasserfalls orientieren, und die damit verbundenen Unternehmenskulturen sowie Denkweisen in den Unternehmen kommen aktuell bei steigender Komplexität der Markt- und Kundenbedürfnisse an ihre Grenzen. Dies ist sicherlich auch der Tatsache geschuldet, dass diese Modelle suggerieren, die Zukunft sei im Detail plan- und vorhersehbar und die Zukunft betreffende Veränderungen verliefen träge und ließen sich daher leicht antizipieren.

Offenheit für ständige Veränderung (und auch eigene Irrtümer)

Auf prozessualer Ebene können agile Methoden, wie beispielsweise der populäre Scrum-Ansatz, eingesetzt werden, um Veränderungen hin zu mehr Agilität zu bewirken. Kurze Planungszyklen, ein Vorgehen in Iterationen und das Liefern in Inkrementen sind hierfür charakteristisch und werden durch Vorgehensmodelle wie Scrum unterstützt. Dies ermöglicht das schnelle Liefern von Produkten und Ergebnissen in enger Abstimmung mit dem Kunden. Dabei ist die konsequente Ausrichtung auf den Kunden (Kundenzentrierung) das entscheidende Merkmal.

Zweite Dimension: Kundenorientierte Organisationsstrukturen schaffen

Die Prozesse kundenzentriert auszurichten, leuchtet vielen Unternehmensvertretern ein. Schnell bemerken Unternehmen, dass die hierarchisch verfasste Organisationsstruktur mit der neuen kundenzentrierten agilen Prozesswelt hart kollidiert. Somit benötigen Unternehmen nicht nur kundenzentrierte Prozesse, sondern auch kundenorientierte Organisationsstrukturen, um mehr Agilität zu erzeugen.

War die Organisation bisher vor allem durch die Aufbauorganisation mit klaren Hierarchien und einer Zentrierung der Macht und Entscheidungsgewalt auf den oberen Ebenen gekennzeichnet, liegt der Fokus in der agilen Organisation deutlich stärker auf der Prozess- bzw. Ablauforganisation, die sich weniger der Unternehmensspitze, sondern vielmehr dem Kunden verschreibt und sich entsprechend orientiert. Es ist nicht nur die Hierarchie, die zur Verhinderung von Kundenzentrierung und Geschwindigkeit führt. Vor allem sind es die Silo-Strukturen in den Unternehmen. In agilen Organisationen ist die Aufbauorganisation bestenfalls Dienstleister für die kundenzentrierte Prozessorganisation, wenn nicht die Aufbauorganisation in vielen Fällen komplett abgeschafft und Führung anders organisiert wird.

Dritte Dimension: Kundenzentrierte Strategien entwickeln

Klassisch geprägte Organisationen haben oftmals rein wirtschaftliche Ziele zum Fixpunkt ihrer Strategie erkoren. Sie streben ausschließlich nach Gewinnmaximierung und geben diese auch als ultimatives Ziel aus. Umsätze steigern,

Kosten minimieren, Effizienz erhöhen. Agile Unternehmen richten dagegen ihre gesamte Strategie am Kunden aus und streben eine Maximierung des Kundennutzens an. Sie tragen konsequent die »Kundenbrille« und haben eine Vision für das Thema Agilität im Unternehmen. Das Management ist gefragt, eine strategische Grundsatzentscheidung zu treffen, wie das Thema Agilität behandelt werden soll. Zunehmend wird der Aufbau einer agilen Organisation als strategisches Ziel der Unternehmensleitung ausgegeben. Vor allem ist es aber auch ihre Aufgabe, die Menschen innerhalb der Organisation für den einzuschlagenden Weg zu gewinnen, Notwendigkeit und Sinn zu vermitteln, mit denen sich die Mitarbeiter auch identifizieren können. Neben dem Verständnis muss auch eine Akzeptanz für die Unternehmensstrategie in der Organisation geschaffen, gegebenenfalls sogar partizipativ entwickelt werden.

Vierte Dimension: Führung neu denken
Für Führungskräfte, die aus dem klassischen Umfeld kommen, bedeutet der Wandel auch eine neuartige Interpretation von Führung. In klassischen Organisationen haben sie sich fast ausschließlich über ihre fachliche Expertise definiert. In der agilen Organisation hat sich die Führungsrolle radikal verändert.

Zwei Merkmale sind hierfür ausschlaggebend:

Bei agiler Führung sprechen wir von **»verteilter Führung«**. Dies bedeutet, dass sich Führungsverantwortung zukünftig auf verschiedene Rollen aufteilt. Bei Scrum sind dies z.B.: Product Owner, Scrum Master und Team, einzelne Verantwortlichkeiten bleiben gegebenenfalls bei der Linien-Führungskraft.

Das zweite Merkmal ist **»empowered Leadership«**. Führungskräfte verstehen sich nunmehr als »Dienstleister« ihrer Mitarbeiter, obgleich vielleicht nicht im Wortsinn. Vielmehr machen sie es sich zur Aufgabe, den Mitarbeitern optimale Arbeitsbedingungen und Voraussetzungen zu ermöglichen, so dass diese ihre bestmögliche Leistung erbringen können, um den größtmöglichen Erfolg der Organisation zu erzielen (vgl. Wolf et al. 2015).

Eine Veränderung der Führungskultur vom klassischen hin zum agilen Führungsverständnis gelingt aber nicht kurzfristig. Es ist ein Lernprozess für alle Beteiligten im Unternehmen. Selbstverantwortung und Selbstorganisation muss von Führungskräften und Mitarbeitern gelernt werden. Hierfür können die Tools und Spiele im zweiten Teil dieses Buchs sehr wertvoll sein.

Fünfte Dimension: Agile Personalinstrumente einsetzen
Während in klassischen Umfeldern langfristige Wasserfall-Planungen auch den Einsatz längerfristig ausgelegter Personalinstrumente rechtfertigen konnten,

sind in den kurzen Planungszyklen der agilen Welt jene Hilfsmittel sehr hinderlich. Mitarbeiter*jahres*gespräche, kaskadierende *jährliche* Zielvereinbarungen in den Silo-Strukturen, hierarchieorientierte Karrieremodelle oder individuelle Bonus-Systeme sind geradezu kontraproduktiv, weil sie die Ausrichtung auf eine Hierarchie fördern und das Denken und Handeln in Richtung des Kunden behindern (vgl. Trost 2015). Passendere Alternativen sind transparente Peer-Feedback-Systeme, die in sehr kurzen Zyklen gelebt werden können. Cross-funktionale Teamziele, kompetenzbasierte Karrieresysteme sowie Wertschätzungskulturen verändern die Loyalität der Mitarbeiter positiv in Richtung Kunde. Sämtliche Themen und Verantwortlichkeiten, die heute in den klassischen HR-Organisationen stattfinden (sollten), können zunehmend zum Katalysator der agilen Transformationen werden.

Sechste Dimension: Agile Kultur leben
In klassischen Organisationen finden wir häufig Absicherungskulturen, in denen sehr bedacht kommuniziert und informiert wird. Kommunikation findet von »oben nach unten« statt. Es existieren viele Regeln zur Kontrolle, die zur Langsamkeit der Organisation beitragen. Lernen ist schwierig, weil Fehler in klassischen Organisationen negativ besetzt sind und Sanktionen drohen.

In einer agilen Vertrauenskultur wird hierarchieübergreifend über alle Themen gesprochen, auch über strategische und finanzielle Themen. Transparenz, Dialog, Vertrauen und eine konstruktive Fehlerkultur sind charakteristisch für agile Organisationen. Absicherungsmechanismen, Standardisierungen, geringe Freiheitsgrade und Statusdenken weichen dem Handeln auf Augenhöhe. Veränderungen werden positiv betrachtet, was eine schnellere Anpassung ermöglicht und zum Wettbewerbsvorteil der Zukunft wird. In agilen Organisationen finden wir ein anderes Wertesystem in der Zusammenarbeit.

smARt HAUFE.

Eine Zusammenfassung der sechs Dimensionen der agilen Organisationsentwicklung könnt Ihr Euch in dem Videobeitrag von André Häusling in Kooperation mit der AOE GmbH anschauen. Scannt dafür einfach das Bild auf Seite 22. Anschließend wählt Ihr das Interview »Die sechs Dimensionen der Agilität«.

Die fünf Level der agilen Organisationsentwicklung

Nachdem wir im vorangegangen Abschnitt auf das Trafo-Modell als Erklärungsmodell agiler Transformationen eingegangen sind und deren Dimensionen erläutert haben, geht es nun detaillierter um die Ebenen (Level) der agilen Transformation.

Erstes Level: Die traditionelle Organisation

Die typischen Merkmale einer traditionellen Organisation in den sechs Dimensionen des Trafo-Modells sind:

- Die Prozesse in Projekten, in der Produktentwicklung und in der gesamten Organisation sind geprägt durch lange Planungszyklen und wasserfallartige, kaskadierende Vorgehen.
- Die Organisationsstrukturen sind pyramidal. In der Hierarchie werden die Entscheidungen getroffen und die silo-artigen Strukturen führen zu einem kompetitiven Charakter zwischen einzelnen Unternehmensbereichen.
- Die Unternehmensstrategien sind stark wirtschaftlich geprägt. Im Zentrum der Überlegungen stehen weniger die Kunden, sondern vielmehr die wirtschaftlichen Kennzahlen, Kosteneinsparungen oder Effizienzsteigerungen.
- Das Führungsverständnis ist in Anlehnung an die Pyramide der Organisationsstruktur ausgerichtet. In diesem Top-down-Verständnis werden Entscheidungen getroffen.
- Die HR-Instrumente festigen die hierarchieorientierte Organisation. Zielvereinbarungen werden in den Silos kaskadiert, Die Karriere ist auf die Aufbauorganisation ausgerichtet, ebenso wie die Vergütungssysteme.
- Die Kultur ist geprägt von Absicherung und Kontrolle.

Agile Ansätze sind in traditionellen Organisationen nahezu gar nicht vorhanden.

Zweites Level: Die Experimentierphase

Befindet sich ein Unternehmen in der Experimentierphase, sammelt es erste Erfahrungen, die sich in der Praxis häufig wie folgt darstellen:

- Prozessual wird mit agilen Methoden experimentiert. In ersten Teams werden Erfahrungen gesammelt und meistens Fortschritte realisiert. Die Transparenz in der Zusammenarbeit steigt, die Liefergeschwindigkeit erhöht sich häufig, die Mitarbeiter sind zufriedener und auch die Kunden merken, dass es positive Entwicklungen gibt.
- Strukturell stoßen die Unternehmen in der Experimentierphase an Hindernisse. Die agilen Rollen werden »irgendwo« in der Aufbauorganisation verankert. Ein Konflikt zwischen den agilen Prozessen und der Aufbauorganisation entsteht, weil die Aufbauorganisation von den Teams zunehmend als Hindernis wahrgenommen wird. Die Unternehmen beginnen nach strukturellen Lösungen zu suchen.
- Auf der strategischen Ebene finden viele Diskussionen statt. Der steigende Bedarf an Agilität wird bei einigen Führungskräften und auch in Teilen des Managementteams gesehen. Es tauchen aber viele Fragen auf, die unbeantwortet bleiben: In welchen Bereichen wollen wir agil arbeiten? Was verstehen wir unter Agilität? Muss das ganze Unternehmen agil werden

oder nur ausgewählte Bereiche? Wir nennen diese Phase in der strategischen Dimension »Erkenntnisphase des Managements«. Es sammelt viele Informationen, liest Bücher, fliegt ins Silicon Valley, aber verändert noch nichts Grundlegendes.

- Auf der Führungsebene entstehen zunehmend Identitätsprobleme. Die Verantwortung verteilt sich auf verschiedene Rollen und die Teams sollen mehr Verantwortung übernehmen. Was ist nun die Rolle der Führungskräfte? Es entsteht in der Experimentierphase häufig ein Führungsvakuum, weil es eine große Unklarheit in der Organisation gibt, wie mit dem Thema Führung umgegangen werden soll.
- Die HR-Instrumente werden zunehmend als hinderlich erlebt, weil sie nicht mehr zu den neuen Arbeitsweisen der ersten Teams passen. So wird häufig die HR-Abteilung auf die Themen aufmerksam. Sie beginnt, sich zu informieren und nach Alternativen zu schauen, wie sie die agile Transformation unterstützen kann, und fragt sich, worin ihre Rolle als HR besteht.
- Kulturell entstehen einige Konflikte. Es gibt die Vordenker, die sich für sehr agil halten, von Kollegen aber als sehr dogmatisch wahrgenommen werden. So treffen verschiedene Kulturen, Denk- und Handlungsweisen aufeinander, für die die Organisation eine Lösung finden muss.

In der Experimentierphase befinden sich derzeit viele Unternehmen. Sie stoßen an viele Grenzen und wissen nicht, wie und wo sie weitermachen sollen.

Drittes Level: Die Bewährungsphase

Die Experimentierphase ist für viele Unternehmen unbefriedigend, weil sie häufig ohne Umwege weiterkommen wollen. Agile Werte und Prinzipien werden nun auf weitere Teile der Organisation ausgeweitet – eine Bewährungsprobe für die gesamte Organisation. Die Lösungsansätze sehen dann beispielhaft wie folgt aus:

- Viele Unternehmen beginnen in der Bewährungsphase an den Organisationsstrukturen zu arbeiten. Es gibt vier gängige agile Organisationsmodelle. In dieser Phase wählen die meisten Unternehmen eine funktionale Matrix-Struktur. Nähere Infos hierzu finden Sie in dem Buch »Agile Organisationen«, herausgegeben von André Häusling (2017).
- Die Arbeit an der Organisationsstruktur geht meist mit der Arbeit an den Führungsstrukturen einher. Das Thema »laterale Führung« wird zu diesem Zeitpunkt sehr wichtig. Die Rollen Product Owner und Scrum Master werden zunehmend professionalisiert. Die betreffenden Führungskräfte werden geschult, um Teams erfolgreicher zu machen. Zudem beginnt die Arbeit mit den Linien-Führungskräften, die Arbeit an ihrer Rolle, ihrem Selbstverständnis und ihren Instrumenten.

- Nachdem in der Experimentierphase mit agilen Methoden in einzelnen Teams experimentiert wurde, beginnen nun in der Bewährungsphase (nahezu) alle Teams eines Bereichs mit agilen Methoden zu arbeiten.
- Die Unternehmen treten nun in eine Kulturfindungsphase. Es werden Plattformen benötigt, um über alternative Werte und Prinzipien für die Zusammenarbeit zu diskutieren und sie weiterzuentwickeln.
- Es werden nun von HR oder anderen Bereichen erste Piloten und Prototypen für alternative HR-Instrumente entwickelt. Häufig werden hierfür die Themen Feedback und Personalauswahl gewählt.
- Eine entscheidende Rolle spielt das Management. Bis zu diesem Level ist eine Transformation durchaus »bottom-up« möglich. Viele Teams haben in dieser Phase zunehmend den Eindruck, dass sie an eine »gläserne Decke« in der Organisation stoßen. Das Management hingegen schätzt den Reifegrad seiner Mitarbeiter noch als zu niedrig ein, um die Organisation auf das nächste Level zu bringen. Letztendlich benötigt die Organisation nun eine Grundsatzentscheidung, wie mit dem Thema »Agilität« weiter verfahren werden soll.

Da viele Unternehmen nicht sicher sind, wo sie anfangen und wie sie den Prozess gestalten sollen, verharren sie auf diesem Level.

Viertes Level: Die Etablierungsphase
Wenn Organisationen die Bewährungsprobe gemeistert haben, geht es im nächsten Level darum, die agilen Werte und Prinzipien in der Zusammenarbeit weiter zu festigen und zu etablieren. Die Etablierungsphase gestaltet sich wie folgt:

- Bisher haben vor allem Silos begonnen, mit agilen Methoden zu arbeiten. Vor allem die Schnittstellen zwischen den Silos müssen nun gelöst werden, um die Kundenzentrierung in der Organisation weiter zu steigern.
- Es entwickeln sich erste Hybridstrukturen. Es gibt Organisationsbereiche, die wie in einer traditionellen Organisation aufgestellt sind, und es gibt andere Bereiche, die mittlerweile in Netzwerkorganisationen arbeiten. Letzteres bedeutet, dass in cross-funktionalen selbstorganisierten Teams gearbeitet wird und die Aufbauorganisation komplett abgeschafft wurde.
- Es entstehen erste agile Managementteams. Sie beginnen, selbst nicht mehr kompetitiv, sondern kollaborativ zu arbeiten und agile Vorgehen zu nutzen. Sie entwickeln ein eigenes transparentes Backlog (eine Art Aufgabenheft) und machen gegebenenfalls Retrospektiven. Sie beginnen an sich zu arbeiten, um die Werte Kundenzentrierung und Mitarbeiterzentrierung vorzuleben.
- Transformationale Führung gewinnt an Gewicht und transaktionale Führungsansätze verlieren an Bedeutung. Es wird viel mit neuen Tools bei den

Führungskräften gearbeitet, die zunehmend als »Standard« in der Organisation akzeptiert sind.

- Die HR-Instrumente werden nun komplett verändert. Individuelle Bonussysteme sind abgeschafft und die Konzeption und Anwendung der Instrumente basiert wesentlich stärker auf Selbstverantwortung und Selbstorganisation.
- Es entsteht eine neue Kulturidentifikation. Während in den Anfängen agile Werte und Prinzipien noch belächelt worden sind, prägen sie nun die DNA der Organisation. Die Transparenz steigt, der Partizipationsgrad der Mitarbeiter wächst und es ist eine Kultur des offenen Dialogs auf Augenhöhe entstanden.

Fünftes Level: Die agile Organisation

Die agile Organisation bildet den höchsten agilen Reifegrad. Sie verfügt aus unserer Sicht über folgende Merkmale:

- Agile Organisationen entwickeln agile Unternehmensstrategien. Sie denken und handeln konsequent aus Kundenperspektive. Dabei werden große Teile der Strategie partizipativ entwickelt.
- Es bestehen Netzstrukturen, die in den agilen Organisationen umgesetzt werden. Aufbauorganisationen sind meistens komplett abgeschafft. Stattdessen wurden individuelle kundenzentrierte Organisationsstrukturen geschaffen.
- Das Arbeiten basiert auf agilen Organisationsprozessen. Agile Methoden werden organisationsweit angepasst. Dabei geht es weniger um ein dogmatisches Verständnis der Methoden als vielmehr um ein konsequentes Leben und Umsetzen der Werte und Prinzipien in der Zusammenarbeit.
- Wir reden nun von agiler Führung. Die Führungsverantwortung ist verteilt auf mehrere Rollen. Vor allem die selbstorganisierten Teams übernehmen ein hohes Maß an Selbstverantwortung. Ein Großteil der bisherigen disziplinarischen Verantwortungen liegt in den Teams, z.B. Mitarbeiterauswahl, Feedback oder die Mitarbeiterentwicklung.
- Die HR-Instrumente und idealerweise auch die HR-Bereiche sind nun Katalysator der agilen Transformation.
- Es entsteht eine offene Vertrauenskultur. Finanzielle Zahlen sind transparent, Lernen ist ein grundlegender Bestandteil der Zusammenarbeit und Entscheidungen werden dort getroffen, wo es für den Kunden am wirkungsvollsten ist.

smARt HAUFE.

Im Videobeitrag von Prof. Dr. Stephan Fischer in Kooperation mit der AOE GmbH könnt Ihr Euch anhören, worin die Unterschiede zwischen einer klassischen und einer agilen Organisation bestehen. Scannt dazu das Bild auf Seite 22 und wählt das Interview »Agil versus klassisch« aus.

Prinzipien und Beurteilung des agilen Reifegrads einer Organisation

Die agile Organisation ist kein Selbstzweck und entsprechend sind auch die Reifegrade nicht normativ zu verstehen. Welcher Reifegrad für eine Organisation oder einen Organisationsbereich adäquat ist, hängt vom Umfeld der Organisation ab. Je komplexer und dynamischer das Umfeld ist, desto vorteilhafter ist ein hoher agiler Reifegrad einer Organisation. Umgekehrt bedeutet dies, dass Unternehmen in einem stabilen Umfeld mit einem geringen agilen Reifegrad sehr gut aufgestellt sind. Weitere Informationen findet Ihr dazu unter hr-pioneers.com.

Die Level sind idealtypisch dargestellt. Es gibt sehr viele Abhängigkeiten zwischen den einzelnen Dimensionen. Auf dem Weg zu einem höheren agilen Reifegrad haben Organisationen immer mindestens einen limitierenden Faktor, um den Reifegrad zu steigern. Hierzu ein Beispiel:

In vielen Unternehmen beginnen die Softwareentwicklungsbereiche als Speerspitze der agilen Bewegung damit, agile Vorgehensmodelle zu implementieren und sich agile Prozesse wie Scrum oder Kanban anzueignen. Im Laufe der Zeit müssen sie feststellen, dass die agilen Methoden nicht immer den gewünschten Erfolg erzielen und die Leistungsfähigkeit nicht wie erhofft im gewünschten Maße zunimmt. Wir haben die Erfahrung gemacht, dass diese Stagnation in der Entwicklung auf einen limitierenden Faktor in einer anderen Dimension zurückzuführen ist. In einigen Fällen wurden zwar agile Prozesse eingeführt, die althergebrachten Organisationsstrukturen beispielsweise verhinderten aber eine Weiterentwicklung der Organisation. Mitunter stellen auch die Führungskräfte ein »Hindernis« dar, weil sie nicht in der Lage sind, die agilen Veränderungen adäquat zu unterstützen. In anderen Fällen wiederum verhindert die vorherrschende Kultur eine tiefergehende Transformation.

Somit müssen die Organisationen immer wieder herausfinden, was der limitierende Faktor ist, um den agilen Reifegrad der Organisation zu steigern und auf das nächste Level zu kommen.

!

Warum Agilität nicht in jeder Situation ein Heilsbringer ist, erfahrt Ihr im Interview mit Prof. Dr. Stephan Fischer in Kooperation mit der AOE GmbH. Scannt dazu das folgende Bild und wählt den Beitrag »Ist Agilität für jede Organisation geeignet?«. Dort findet Ihr auch alle weiteren Interviews mit Prof. Dr. Stephan Fischer und André Häusling zu diesem Kapitel.

Interviews mit Prof. Dr. Stephan Fischer und André Häusling

Agile Werte und Prinzipien der Zusammenarbeit vermitteln

Die agile Transformation ist ein Lernprozess für die gesamte Organisation. Dieser Lernprozess ist anstrengend und zuweilen mühsam. In anderen Phasen macht dieser Lernprozess einfach nur Spaß. Es geht vor allem darum, in den Organisationen Erfahrungsräume und Spielräume zu schaffen, um agile Werte und Prinzipien erlebbar zu machen. Wir stellen immer wieder fest, dass sich agile Werte und Prinzipien nur sehr schwer rational vermitteln lassen. Wir müssen sie vielmehr erfahren, ausprobieren und mit ihnen experimentieren. Hierfür benötigen wir Tools und Spiele, um diese Erfahrungen in einem geschützten Raum machen zu können. Nur so können wir erfahren, wann, wo und wie agile Werte und Prinzipien uns in der täglichen Zusammenarbeit einen Nutzen schaffen.

Spielerische Elemente zur Steigerung des agilen Reifegrads

»Rettet das Spiel!« So lautet der Titel eines aktuell erschienenen Buches von Gerald Hüther und Christoph Quarch (2016). Was so dramatisch klingen mag, ist im Grunde nichts anderes als der Wunsch, dem Menschen spielerische Leichtigkeit zurückzugeben. Warum sollte spielerische Leichtigkeit im Job wichtig sein, mögt Ihr Euch jetzt fragen. Denn im Job geht es schließlich eher darum, Mehrwert zu schaffen, und weniger darum, sich spielerisch auszutoben. Oder? Dagegen steht die Auffassung von Gerald Hüther und Christoph Quarch:

> *»Wenn wir zu spielen aufhören, hören wir auf, das Leben in all seinen Möglichkeiten zu erkunden. Und damit verspielen wir die Potenziale, die in uns stecken. Wer dem Leben nicht spielerisch begegnet, den erstickt es mit seinem Ernst. Das Leben ist kein Spiel, aber, wenn wir nicht mehr spielen können, dann können wir auch nicht mehr leben.«*
>
> *Hüther/Quarch (2016)*

Lasst Euch von Gerald Hüther im Interview erklären, wie wir mit Spielen das Mögliche erkunden können und welches Potenzial spielerisches Lernen bietet. Wenn Ihr das folgende Bild scannt, gelangt Ihr zu dem Interview mit Gerald Hüther.

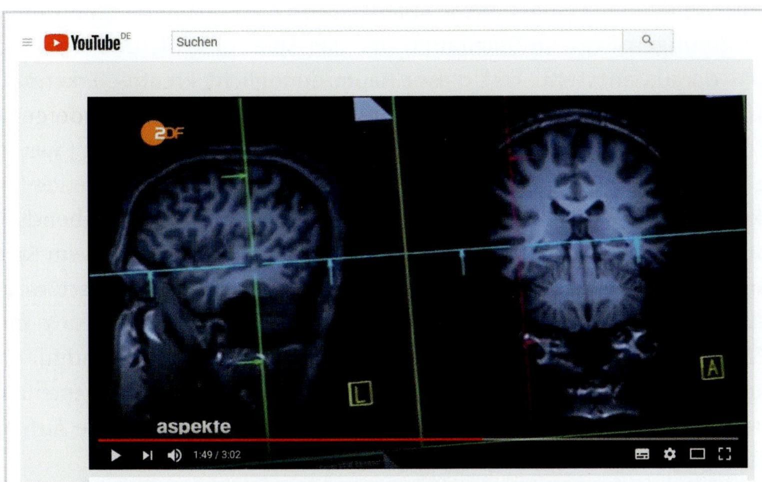

Rettet das Spiel – ein Interview mit Gerald Hüther

Ihr braucht Euch jetzt keine Sorgen zu machen, wenn Ihr denkt, dass Euer Job und Eure Transformation so gar nichts mit Spielerei zu tun haben. Denn eine Transformation ist doch nichts anderes als eine Veränderung – eine Veränderung in eine unbekannte Zukunft mit vielen Variablen. Ihr überlegt, welche Schritte als Nächstes anstehen, Ihr denkt darüber nach, welche Wege Ihr mit Eurem Team und Eurem Unternehmen gehen könnt. Das sind nichts anderes als Gedankenspiele, bevor Ihr ins Handeln kommt. Ihr probiert erst einmal gedanklich aus, was alles denkbar und womöglich dann auch umsetzbar ist (Hüther/Quarch 2016).

Und damit seid Ihr im Grunde genommen schon den ersten (spielerischen) Schritt der Transformation gegangen. Ihr begebt Euch in den Prozess des Lernens, zu dem unter anderem die Entwicklung von Lösungsstrategien in konkreten Problemstellungen gehört. Ein Ansatz, Probleme zu lösen, ist das Imitationslernen. Im komplexen Kontext reicht dies aber häufig nicht aus. Es gilt durch das Lernprinzip »Versuch und Irrtum« passende Lösungsansätze zu finden (Snowden 2007). So gibt Richard Buckminster Fuller zu bedenken, man könne »sich die Mühe sparen, Menschen in neuen Denkweisen zu unterrichten. Man sollte ihnen lieber Werkzeuge an die Hand geben, deren Nutzung selbst zu neuen Denkweisen führt« (Senge et al. 2008). Doch wie lernt der Mensch die ihm anvertrauten Werkzeuge anzuwenden? Hauser (2016) vertritt den Ansatz, dass »das Spiel als höchst ertragreiche Lernform« gilt und somit im Prozess des Lernens angewendet werden sollte.

Ein entscheidender Erfolgsfaktor spielerischer Auseinandersetzung mit Herausforderungen liegt im Spielraum, der das Spiel umgibt, und dem Ergebnis, das daraus entsteht. Erst dieser Raum ermöglicht kreative Erkenntnisse und Lösungen beim Menschen. Einfach nur weiterdenken, was schon gedacht wurde, das können wir alle (Hüther/Quarch 2016). Aber immer dann, wenn wir ohne Druck unsere Gedanken fliegen lassen, entstehen bahnbrechende Ideen. Wer kennt das nicht, den Blitzgedanken unter der Dusche oder abends kurz vor dem Einschlafen? Die Neurobiologie belegt, dass Menschen beim Spielen die Angst verlieren und gleichzeitig neuronale Netzwerke aktiviert werden, die zur Lösung von Aufgaben führen. Durch die neue Verknüpfung des in den Netzwerken gelagerten Wissens entfalten sich Kreativität und Ideen. Es fällt uns demnach leichter, spielerisch (und ohne Druck in einem geschützten Spielraum) neue Ideen zu entwickeln und auszuprobieren. Gelöste Aufgaben verstärken zudem Zufriedenheit und Freude (Hüther/Quarch 2016).

Das Spiel mit seinen Spielregeln

Wie Ihr bereits gelesen habt, ist es unglaublich wichtig, Druck herauszunehmen und einen geschützten Raum zu etablieren, damit Eure Teams spielerisch lernen und kreativ werden können. Das sind entscheidende Elemente eines

Spiels. Im Übrigen gibt es wesentliche Unterschiede zwischen dem bloßen (vor sich hin) Spielen und dem Spiel (Gray et al. 2011). Ein Spiel findet in einem (geschützten) Spielraum statt, es ist (zeitlich) begrenzt, es gibt Interaktionsregeln, Spielobjekte sind vorhanden und natürlich darf das Spielziel nicht außer Acht gelassen werden. Wir gehen hier nur kurz auf die fünf wesentlichen Elemente eines Spiels ein:

1. Spielraum/Erfahrungsraum
»In ein Spiel einzutauchen, bedeutet, in einen andersartigen Raum einzutreten, in dem die Regeln des normalen Lebens vorübergehend nicht mehr gelten – die Regeln des Spiels nehmen ihren Platz ein.« (Gray et al. 2011) Bedenkt dabei, dass es sich nur so lange um ein Spiel handelt, wie alle freiwillig teilnehmen und Ihr Euch auf gemeinsame Regeln für diesen Spielraum einigt (Gray et al. 2011). Wenn Ihr Euch mit Euren Kollegen also auf eine transformatorische Spielwiese begebt, sollten alle freiwillig mitmachen. Andernfalls solltet Ihr besser dafür sorgen, dass die vorhandenen Hindernisse aus dem Weg geräumt werden (seien es Hindernisse zeitlicher, emotionaler oder anderer Art).

2. Begrenzung
Das Wort Begrenzung zeigt schon auf, worum es geht. Das Spiel hat immer einen Anfang und ein Ende. Es hat aber auch eine räumliche Begrenzung, die Ihr vorher als Spielleiter definiert (Gray et al. 2011). Deswegen gibt es in jeder Spielbeschreibung der Toolbox einen Abschnitt **Dauer**, der durch ein Stoppuhr-Icon hervorgehoben ist. Dort bekommt Ihr Hinweise zum Zeitrahmen des jeweiligen Spiels.

3. Interaktionsregeln
Vor Beginn des Spiels gilt es, Spielregeln festzulegen, an die sich alle gemeinsam halten. In den Abschnitten **Vorbereitung** und **Durchführung** der Toolbox werden wir immer auf die Spielregeln eingehen. Diese Abschnitte sind zusätzlich durch Icons am Seitenrand hervorgehoben.

4. Spielobjekte
Bei einigen der in diesem Buch beschriebenen Spiele müsst Ihr vorab Spielmaterial besorgen wie z. B. Bälle, Papier oder Ähnliches. Manche Spiele funktionieren auch »nur« mit den Teilnehmern selber, die im Übrigen damit auch »Objekte« sind (Gray et al. 2011). Zu jedem Spiel bzw. Tool findet Ihr unter dem Abschnitt **Material** eine entsprechende Übersicht. Ein »Material-Icon« am Seitenrand verweist darüber hinaus auf diesen Abschnitt.

5. Spielziel

Ein Spiel hat nicht nur einen Anfang, sondern auch ein Ende. Allen muss klar sein, wann das Spiel beendet ist, sonst hinterlässt ein Spiel ein unfertiges Gefühl bei den Teilnehmern und verpufft schnell in seiner Wirkung. Zum Ende des Spiels ist es sinnvoll, die Erkenntnisse aus dem Spiel zu hinterfragen. Bedient Euch dazu gerne der **Moderations- und Reflexionsfragen**, die bei jedem Spiel in einem separaten Abschnitt aufgeführt und durch ein Icon hervorgehoben sind.

Diese fünf wesentlichen Elemente eines Spiels, die Ihr als Spielleiter oder Moderator in der Vorbereitung und Durchführung entsprechend beachten solltet, werdet Ihr in jeder Spielbeschreibung der Toolbox wiederfinden.

Neben diesen fünf Elementen haben wir weitere Abschnitte eingearbeitet, die ebenfalls durch Icons am Seitenrand hervorgehoben werden: Vorab wird das **Lernziel** des jeweiligen Tools prägnant zusammengefasst. Zusammen mit den Tags, also den Oberkategorien bzw. Themen, die Ihr in einer Art Stichwortverzeichnis (Tag-Liste) am Ende dieses Buches findet, soll Euch dieser Abschnitt die Auswahl des passenden Tools erleichtern.

Ganz am Ende der Spielbeschreibung wird häufig die **Quelle** des Spiels oder Tools genannt. Auch dieser Abschnitt ist wieder durch ein eigenes Icon markiert.

! Es ist wichtig, dass Ihr Euch vorab Gedanken macht, was Ihr mit dem Spiel erreichen wollt. Welchen Aspekt wollt Ihr betrachten und in welchem Bereich wollt Ihr Erkenntnisse erzielen? Die Methode folgt dem Bedürfnis und nicht umgekehrt!

Hütet Euch davor, Spiele als Druckmittel bzw. zielgerichtet in Eure Wunschrichtung zu verwenden. Wenn Ihr mit Euren Teams spielt, dann müsst Ihr als Spielleiter die Mitspieler anleiten und unterstützen, aber Ihr dürft keinesfalls ein Ergebnis vorgeben. Damit würdet Ihr die Systematik des Spiels zerstören und jegliches Potenzial für kreative Ergebnisse nehmen. Dazu gehört natürlich auch das nicht immer einfache Loslassen und die Verantwortungsübergabe an das große kreative Potenzial in Eurem Team. Stellt Euch darauf ein, dass es vielleicht anders läuft, als Ihr Euch das vorgestellt habt. Aber vertraut darauf, dass es gut wird! Denn zu einer agilen Transformation gehört es auch, Euren Teams und Kollegen zu vertrauen und ihre Selbstverantwortung zu stärken.

»Im agilen Kontext kommt dem Lernen durch Versuch und Irrtum eine besondere Bedeutung zu. Auf dem Weg von einer klassischen zu einer agilen Organisation gilt es, Rahmenbedingungen zu schaffen, die ein hohes Maß an Anpassungsfähigkeit ermöglichen.«

J. Sievers (2017)

Aufgaben eines Spielleiters

Nachdem wir Euch wiederholt als Spielleiter adressiert haben, möchten wir Euch noch ein paar Regeln für Eure Rolle als Spielleiter auf den Weg geben. Denn es liegt an Euch, ob das Spiel auf das einzahlt, was Ihr erreichen wollt, und ob es Euch als Team und Unternehmen in der Transformation weiterbringt. Ihr habt es in der Hand, die Teilnehmer für das Spiel zu motivieren und eine gute Spielatmosphäre zu schaffen. Macht Euch deshalb immer Gedanken zu folgenden Punkten.

Was ist das Ziel des Spiels?
Als Spielleiter solltet Ihr Euch im Vorhinein im Klaren darüber sein, was mit dem jeweiligen Spiel erreicht werden soll. Soll z.B. Vertrauen gefördert werden, soll das Team weiterentwickelt werden, wollt Ihr Euch mit Euren Strukturen beschäftigen?

Um Euch die Auswahl der passenden Spiele zu erleichtern, sind die Spiele und Tools in diesem Buch den sechs Dimensionen des Trafo-Models zugeordnet. Dabei entspricht jede Dimension einem der sechs Kapitel der Toolbox: Strategie, Struktur, Prozess, Führung, HR-Instrumente und Kultur.

Eine weitere Orientierungshilfe bieten die »Tags«, also Oberkategorien oder Themen, die jedes Tool oder Spiel noch einmal thematisch einordnen. Eine ausführliche Tag-Liste am Ende des Buches hilft Euch, zielgenau das passende Tool für Eure spezifischen Bedürfnisse auszuwählen.

Was für eine Gruppe bringt Ihr zusammen?
Wie groß ist die Gruppe? Was wisst Ihr über Stimmungen und ihre Zusammensetzung? Aus welchen Bereichen oder Ebenen kommen die Teilnehmer? Inwiefern kennen die Teilnehmer der Gruppe sich schon? Wo könnten möglicherweise auch Konflikte entstehen? Versucht Euch im Vorhinein ein möglichst detailliertes Bild von der Konstellation zu machen, um für die Durchführung des Spiels gut gewappnet zu sein.

Bereitet Euch gut vor!
Dazu gehört, dass Euch klar ist, wie das Spiel funktioniert, und Ihr Euch im Vorhinein bereits überlegt, wie Ihr das Spiel erklären könnt. Außerdem ist es wichtig, dass das passende Spielmaterial besorgt und zur Hand ist, bevor Ihr mit dem Spielen beginnen könnt, und Ihr einen passenden Rahmen für das Spiel gefunden habt. Wenn Ihr Euch unsicher seid, übt das Spiel vorher mit einer Testgruppe.

Leitet das Spiel so an, dass alle es verstehen!
Dazu gehören einfache Worte und Reflexionsfragen wie »Welche Fragen habt Ihr noch?«. Insbesondere bei Großgruppen müsst Ihr laut und deutlich sprechen, damit alle die Spielregeln hören und verstehen. Dazu gehört es auch, dass Ihr den Überblick behaltet und flexibel auf Veränderungen von Regeln und Störungen eingehen könnt. **Ihr seid der Spielmoderator und habt die Spielleitung!**

Zu guter Letzt: **Ihr beendet das Spiel** und habt die Zeit und das Ergebnis im Blick. Wollt Ihr Euch weiterentwickeln und Feedback einholen? Dann fragt Eure Teilnehmer, ob und in welchem Maße das Spiel als unterstützend für die Zielerreichung empfunden wurde und wie Sie Euch in Eurer Rolle wahrgenommen haben (Aperdannier 2007).

Agile Tools und ihre Systematik

Es gibt nicht nur Spiele in diesem Buch, sondern auch viele Tools. Wir haben uns entschieden, nicht zwischen Spielen, Methoden und Tools zu differenzieren. Wir sprechen im weiteren Verlauf nun von Tools. Auch Spiele können Tools sein. Und bei den Tools gelten die gleichen Regeln wie bei den Spielen. Es geht darum, mit den Tools zu experimentieren und neue Werte und Prinzipien in der Zusammenarbeit zu erlernen.

! Aus Gründen der besseren Lesbarkeit haben wir auf eine geschlechtsspezifische Differenzierung (»Mitarbeiterinnen und Mitarbeiter«) weitgehend verzichtet. Selbstverständlich und ausdrücklich ist auch bei Formulierungen wie »Mitarbeiter«, »Vorgesetzter«, »Teilnehmer« usw. die weibliche Form einbezogen.

Teil II: Toolbox

Die Tools in diesem Buch sollen Eure agile Transformation in unterschiedlichster Weise unterstützen. Damit Ihr schneller einen Überblick darüber gewinnen könnt, welche Spiele Eure Transformation in welcher Weise unterstützen können, haben wir die Spiele und Methoden den sechs Dimensionen aus dem Trafo-Modell zugeordnet: Strategie, Struktur, Prozesse, Führung, HR-Instrumente und Kultur. Es kommt vor, dass Spiele auf mehrere der beschriebenen Dimensionen einzahlen. Dann findet Ihr jeweils am Ende des Kapitels einen Hinweis dazu.

1 Strategie: Kundenzentrierte Denkweise lernen

1.1 Affinity Map

Tags
Gruppenübung, Kreativität, Zusammenarbeit, Brainstorming

!

Lernziel

Die *Affinity Map* ist ein besonderes Brainstorming-Tool, mit dem Ihr Ideen nicht nur sammelt, sondern auch sortiert. Ziel ist es, eine Rangfolge aller eingebrachten Themen und Ideen zu erstellen. So lassen sich eingebettete Muster und Fokussierungen Eures Denkens identifizieren. *Affinity Maps* solltet Ihr vor allem dann verwenden, wenn Kategorien und Meta-Kategorien für verschiedene Themen gefunden werden sollen und Ihr herausfinden wollt, welche Ideen in der Gruppe am häufigsten genannt werden.

Material

- Flipchart oder Whiteboard sowie entsprechende Stifte für alle Teilnehmer
- Post-its

Gruppengröße

Empfehlenswert ist eine Gruppengröße von bis zu 20 Teilnehmern.

Dauer

Die Spieldauer der *Affinity Map* ist abhängig von der Gruppengröße. Ihr könnt jedoch eine maximale Zeit von 1,5 Stunden einplanen.

Vorbereitung

Skizziert zuerst auf einem Flipchart bzw. einem Whiteboard die Frage bzw. die Themen, die Ihr während des Brainstormings thematisieren wollt. Es ist auch möglich, dass Ihr die Themen gemeinsam in der Gruppe erarbeitet.

Durchführung

Startet mit einer Stillarbeitsphase, in der jeder für sich ca. zehn Minuten Antworten oder Ideen in Bezug auf Euer Brainstorming-Thema auf Post-its skizziert und an die Wand pinnt. Anschließend sortiert Ihr die Ideen gemeinsam in Spalten (oder Clustern), basierend auf Beziehungen, Affinitäten und Verbindungen. Ideen, die Ihr nicht sortieren könnt und die nicht in eine natürliche

Kategorie passen, sortiert Ihr in einer separaten Spalte (Parkplatz). Redundanzen auf der Wand können und dürfen vorkommen. Achtet nur darauf, dass Ihr gleichartige Ideen zusammenhängt, damit Ihr erkennt, welche Themen wiederholt benannt wurden. Anschließend benennt Ihr die einzelnen Spalten bzw. Kategorien, die Ihr gebildet habt. Achtet dabei darauf, dass Ihr nicht zu lange über die Namensgebung diskutiert. Einigt Euch demokratisch bzw. bezeichnet eine Spalte im Zweifel mit mehreren Namen.

Schaut Euch eine beispielhafte Affinity Map an, indem Ihr das folgende Bild scannt.

smARt HAUFE.

Die *Affinity Map* – Gegenstand, Spielbeschreibung und Strategie

Moderations- und Reflexionsfragen

- Wo seht Ihr Vorteile zu herkömmlichen Brainstorming-Methoden?
- Inwiefern helfen Euch die Cluster und Kategorien?
- Wie wollt Ihr weiter vorgehen?

Quelle

Die *Affinity Map* wurde von Jiro Kawakita in den 1960er-Jahren entworfen.

1.2 Bilderstorming

Tags
mit Moderator, Kreativität, Innovation, Gruppenübung, Brainstorming

!

Lernziel

Das *Bilderstorming* ist ein Visualisierungs-Tool, mit dem Ihr alle möglichen Begrifflichkeiten bis hin zu abstrakten Konzepten visualisieren könnt. In komplexen Situationen hilft Euch das Tool, Probleme und entsprechende Lösungen zu erkennen und darzustellen.

Material

- eine Metaplanwand, Metaplankarten und entsprechende Stifte
- alternativ: ein Whiteboard, Post-its und entsprechende Stifte

Gruppengröße

Empfehlenswert ist eine Teilnehmerzahl von fünf bis 15 Personen.

Dauer

Je nachdem, wie abstrakt und komplex Euer Thema ist, solltet Ihr für eine Runde des *Bilderstormings* ca. 30 bis 60 Minuten einplanen.

Vorbereitung

Für das *Bilderstorming* richtet der Moderator die Präsentationsfläche, die Ihr benutzten möchtet (Whiteboard oder Metaplanwand), her und stellt den Teilnehmern genügend Post-its bzw. Metaplankarten zur Verfügung.

Durchführung

Startet nun mit einer kurzen Stillarbeitsphase (ca. ein bis zwei Minuten), in der Ihr Begriffe auf Eure Karten schreibt, die Ihr schwierig visualisieren könnt (z.B. »Qualität«). Achtet dabei darauf, dass Ihr nur ein Wort pro Karte verwendet. Anschließend werden alle Karten eingesammelt, gemischt und eine erste Karte an die Wand gepinnt. In den nächsten zwei bis drei Minuten entwickelt Ihr in Stillarbeit Ideen für eine bildliche Darstellung auf Karten bzw. Post-its und pinnt sie unter den jeweiligen Begriff an die Wand. Dieses Vorgehen wiederholt Ihr, bis Ihr alle Begriffe von den Karten visualisiert habt. Am Ende habt Ihr eine ganze Galerie voller Visualisierungen erstellt, die Ihr Euch dann in Ruhe gemeinsam anschauen könnt. Anschließend könnt Ihr eine Gruppendiskussion anleiten und vermehrt über Konzepte sprechen, die ganz unterschiedlich visualisiert wurden, und hinterfragen, warum solche Visualisierungen gewählt wurden. Außerdem könnt Ihr über diejenigen Begriffe sprechen, die besonders leicht oder besonders schwer darzustellen waren.

Moderations- und Reflexionsfragen

- Wie habt Ihr Euch beim Erstellen der Visualisierungen gefühlt?
- Wofür ist dieses Tool nützlich und warum?
- Was ist Euch besonders schwergefallen und warum?
- Welche Visualisierungen könnt Ihr auch im Arbeitsalltag anwenden?

Quelle

Inspiriert von der Übung *Graphic Jam* wurde das *Bilderstorming* von Leslie Salmin-Zhu, der Mitbegründerin des International Forum of Visual Practitioners, entwickelt.

1.3 Personas

Tags
Kundenorientierung, kontinuierliche Verbesserung

Lernziel

Mit dem Tool *Personas*, also der Entwicklung fiktiver Personen, schafft Ihr Euch in Eurem dynamischen und komplexen Umfeld ein präzises Bild Eurer Zielgruppe bzw. Eurer Nutzer. Ihr entwickelt typische Anwender, um Klarheit über Eigenschaften und Bedürfnisse Eurer Zielgruppe zu gewinnen. Die Beschreibung Eurer *Personas* unterstützt Euch darin, die verschiedenen Funktionalitäten Eurer Produkte zu identifizieren und zu priorisieren.

Material

- ein Flipchart
- ein Whiteboard und passende Stifte

Gruppengröße

Ihr könnt die Übung alleine machen, jedoch werdet Ihr mehr Erkenntnisse zutage fördern, wenn Ihr zu mehreren Personen seid. Je interdisziplinärer das Team dabei zusammengesetzt ist, desto mehr Erkenntnisse könnt Ihr über Eure Zielgruppe generieren.

Dauer

Die Dauer ist abhängig von der Anzahl der *Personas*, die Ihr erstellt, und von der Anzahl der Teammitglieder. Ihr solltet mindestens 60 Minuten dafür einplanen.

Vorbereitung

In der Vorbereitung solltet Ihr Euch darauf einigen, wofür Ihr *Personas* erstellen wollt. Als Faustregel ist festzuhalten, dass es nicht ausreichend ist, über fiktive Personen zu sprechen. Personas sollten reale Informationen über Eure Zielgruppe enthalten und deren mögliche Ziele, Motivation und Wünsche thematisieren.

Durchführung

Im Rahmen eines Brainstormings stellt Ihr Euch die typischen Lebensumstände Eurer Zielgruppen vor. Ihr erstellt gemeinsam auf einem Flipchart bzw. Whiteboard eine steckbriefähnliche Beschreibung Eurer Personas zu Vorlieben, Interessen, Konsumverhalten usw. Dabei erfasst Ihr, in welchem sozialen Umfeld sie leben, welche Interessen sie haben, welche Medien sie konsumieren und weitere Merkmale. Bei der Durchführung solltet Ihr darauf achten, dass Ihr die Anzahl auf drei bis vier verschiedene Personas beschränkt. Dadurch arbeitet Ihr mehr mit Stereotypen, Klischees und Übertreibungen. Dies ist gewollt, da die Personas keinen wissenschaftlichen Anspruch auf höchste Genauigkeit erheben. Sie sind vielmehr nützliche Hilfsmittel, um die Masse der Zielgruppen einzuteilen und ein deutliches Bild der Nutzer und Anwender zu gewinnen.

Tipp: Achtet darauf, dass Eure Personas zwar fiktiv, aber durchaus lebensfähig sein sollten (eine Person mit 2,4 Kindern gibt es nicht). Zudem: Personas müssen nicht immer externe Kunden sein. Wenn Ihr z. B. in einem Bereich arbeitet, der als Dienstleister für andere Bereiche in Eurem Unternehmen fungiert, können durchaus Kollegen aus anderen Bereichen Eure Personas sein (z. B. könnte das Projektteam »Kulturwandel« Personas für Mitarbeiter erstellen, die von seinen Maßnahmen betroffen sind).

Moderations- und Reflexionsfragen

- Was ist Euch in Bezug auf Eure Zielgruppen und auch in Bezug auf Eure Produkte deutlich geworden?
- Was habt Ihr herausgefunden: Was können und wollen Eure Kunden, was vielleicht auch nicht?
- Was erwarten Eure Kunden von Euch?
- Was könnten nächste Schritte sein, um die Erwartungen und Bedürfnisse Eurer Personas zu erfüllen?

Quelle

Das Konzept der *Personas* wurde von Alan Cooper entwickelt.

1.4 Customer Empathy Map

Tags
Kundenorientierung, Einzelübung, Gruppenübung, Kreativität

Lernziel

Mithilfe der *Customer Empathy Map* setzt Ihr Euch mit den Gefühlen Eurer idealtypischen Kunden auseinander. Am besten baut Ihr dabei auf den erstellten Kunden-Personas auf. Durch das Einnehmen der Kundenperspektive schärft Ihr die verschiedenen Kundentypen und entwickelt kundenzentrierte Geschäftsmodelle.

Material

- ein Flipchart
- ein Whiteboard oder ein entsprechend vorbereitetes Plakat
- Post-its und Stifte

Gruppengröße

Die *Customer Empathy Map* lässt sich ohne Probleme nur von einer Person durchspielen. Je mehr Personen involviert sind, umso aspektreicher und spannender wird es.

Dauer

Plant 30 bis 60 Minuten ein – je nach Anzahl der Kunden-Personas und Teammitglieder.

Vorbereitung

Die *Customer Empathy Map* solltet Ihr am besten im Großformat ausdrucken bzw. vorgemalt auf eine Wand in Eurem Besprechungsraum anbringen. Malt Ihr die Karte selber, solltet Ihr darauf achten, dass sich der stilisierte Kopf des Kunden in der Mitte befindet und dass jeweils unter, über, links und rechts neben dem Kopf gleich große freie Felder vorhanden sind. Über dem Kopf wird gesammelt, was der Kunde denkt und fühlt. Links, wo das Ohr des Kunden abgebildet ist, wird gesammelt, was der Kunde hört. Rechts das, was der Kunde sieht, und unten das, was der Kunde sagt. Unterhalb der Map werden noch zwei Felder mit den Überschriften »Pain« und »Gain« angelegt.

Wie die *Customer Empathy Map* konkret auf einem Flipchart aussieht, könnt Ihr Euch in der App anschauen, indem Ihr dieses Bild einscannt.

Der Aufbau der *Customer Empathy Map*

Durchführung

Nachdem die *Customer Empathy Map* vorbereitet ist, besteht die Aufgabe des Teams darin, mittels Brainstorming die vier Felder des Kunden zu füllen. Bewaffnet mit Post-its sammelt das Team nun gemeinsam Ideen und hält diese in den jeweiligen Feldern fest. In den Pain- und Gain-Feldern werden Punkte festgehalten, die beim Kunden – bezogen auf das Produkt – Schmerzen (»pain«) oder Mehrwerte (»gain«) generieren.

Moderations- und Reflexionsfragen

- Wie fühlt es sich an, nicht nur über den Kunden zu reden, sondern aktiv die Perspektive des Kunden mit seinen Gedanken und Gefühlen einzunehmen?
- Was ist wichtig, um den Wünschen und Bedürfnissen Eurer Kunden gerecht zu werden?
- Welche nächsten Schritte leitet Ihr in die Wege?

1.5 Kano-Modell

!

Tags
Kundenorientierung, kontinuierliche Verbesserung, Gruppenübung

Lernziel

Das *Kano-Modell* ist ein Tool, mit dem Ihr die Wünsche Eurer Kunden detailliert identifizieren könnt, indem Ihr Kundenanforderungen und Kundenzufriedenheit fokussiert betrachtet. Ihr beschäftigt Euch mit dem Zusammenhang zwischen der Zufriedenheit Eurer Kunden und den Eigenschaften Eures Produkts bzw. Eurer Dienstleistung.

Material

- Flipchart oder Whiteboard und entsprechende Stifte für alle Teilnehmer
- Post-its

Gruppengröße

Empfehlenswert ist eine Gruppengröße von bis zu 20 Teilnehmern.

Dauer

Je nach Komplexität solltet Ihr Euch 30 bis 60 Minuten Zeit nehmen.

Vorbereitung

Das *Kano-Modell* wird in einem Kreuzdiagramm abgebildet, das Ihr auf einem Flipchart oder Whiteboard vorbereiten könnt. Die X-Achse beschreibt dabei die Erfüllung der Kundenanforderungen von »nicht erfüllt« bis »Erwartungen übererfüllt«. Die Y-Achse repräsentiert die Kundenzufriedenheit von »unzufrieden«, »enttäuscht« bis »sehr zufrieden«, »begeistert«.

Durchführung

Um das Diagramm nun mit Leben zu füllen, benutzt Post-its oder schreibt direkt auf das Flipchart bzw. Whiteboard.

Startet mit den **Basis- und Grundanforderungen** Eurer Kunden. Dieser Graph verläuft im unteren Quadranten und beschreibt diejenigen Merkmale, die als selbstverständlich gelten und dem Kunden nur dann explizit bewusst werden, wenn sie nicht mehr vorhanden sind. Es handelt sich also um Muss-Kriterien, die nicht direkt vom Kunden kommuniziert, aber dennoch stillschweigend erwartet werden. Das Nichtvorhandensein dieser Basismerkmale sorgt für Unzufriedenheit auf Kundenseite, das Vorhandensein führt aber noch nicht zu gesteigerter Zufriedenheit des Kunden.

Im nächsten Schritt beschäftigt Ihr Euch mit den **Qualitäts- und Leistungsmerkmalen** Euer Kunden. Dieser Graph verläuft durch den Nullpunkt des Kreuzdiagramms und thematisiert solche Merkmale, die explizit vom Kunden verlangt werden. Die Nichterfüllung dieser Merkmale sorgt ebenfalls für Unzufriedenheit. Werden Qualitäts- und Leistungsmerkmale aber übertroffen, nimmt die Zufriedenheit entsprechend zu. Marktuntersuchungen, Marktbeobachtungen und Marktbefragungen helfen Euch dabei, diese Merkmale zu identifizieren.

Beschäftigt Euch nun mit den **Begeisterungsmerkmalen**, die im oberen Quadranten des Diagramms verlaufen. Dies sind die Merkmale, deren Vorhandensein dazu führt, die Kunden zu begeistern sowie tatsächlichen bzw. gefühlten Nutzen zu stiften. Diese Merkmale werden von Euren Kunden nicht erwartet und ihr Nichtvorhandensein lässt auch keine Unzufriedenheit entstehen. Ist ein Begeisterungsmerkmal aber vorhanden, führt bereits eine kleine Leistungssteigerung zu einem überproportionalen Nutzen.

Weiterhin könnt Ihr nun noch **unerhebliche Merkmale** identifizieren. Dies sind Merkmale, die weder Zufriedenheit noch Unzufriedenheit auslösen, unabhängig davon, ob sie vorhanden sind oder nicht. Zudem gibt es **Rückweisungsmerkmale**, die Unzufriedenheit stiften, wenn sie vorhanden sind, allerdings keine Zufriedenheit generieren, wenn sie nicht vorhanden sind.

Ein Beispiel für das *Kano-Modell* bzw. das visualisierte Diagramm findet Ihr hier.

smARt HAUFE.

Ein Beispiel für das *Kano-Modell*

Moderations- und Reflexionsfragen

- Was müsst Ihr Euren Kunden bieten?
- Was trägt zur Verbesserung der Kundenzufriedenheit bei?
- Wie könnt Ihr Euch von der Konkurrenz unterscheiden?
- Wie schafft Ihr es, Eure Kunden und auch Eure Nicht-Kunden zu begeistern?
- Worauf solltet Ihr in Zukunft verzichten?

Quelle

1978 entwickelte Noriaki Kano (Professor der University of Science in Tokyo) ein Kundenzufriedenheitsmodell, das heute als *Kano-Modell* bekannt ist.

1.6 Storyboarding

Tags
Gruppenübung, Komplexität, interdisziplinäre Teams

!

Lernziel

Das *Storyboard* hilft Euch dabei, Interaktionen zu veranschaulichen, die erforderlich sind, um ein Ziel zu erreichen bzw. um eine Aufgabe zu erfüllen. Aber anstatt eine Liste von Schritten zu verwenden, visualisiert Ihr die Interaktion ähnlich einem Comic. In der agilen Softwareentwicklung kann ein *Storyboard* Euch dabei helfen, schnell ein Gefühl dafür zu bekommen, welche Arbeit noch erledigt werden muss und welche schon abgeschlossen ist.

Material

- eine Metaplanwand, bunte Metaplankarten und entsprechende Stifte
- oder: ein Whiteboard, bunte Post-its und entsprechende Stifte
- Alternativ könnt Ihr ein *Storyboard* auch virtuell erstellen.

Gruppengröße

Ein *Storyboard* erstellt Ihr gemeinsam mit Eurem Team bzw. mit Kollegen, mit denen Ihr zusammen an einem Projekt oder einer Aufgabe arbeitet. Die Teilnehmerzahl könnt Ihr dabei selbst bestimmen.

Dauer

Das *Storyboard* begleitet Euch für einen oder auch mehre Sprints – abhängig davon, wie Ihr Eure Epics zeitlich festgelegt habt. Für die Erstellung des Boards solltet Ihr Euch ca. 30 Minuten Zeit nehmen.

Vorbereitung

Für die Erstellung eines *Storyboards* benötigt Ihr ein großes Whiteboard bzw. eine Metaplanwand. Alternativ könnt Ihr das Board auch virtuell erstellen. Das *Storyboard* erhält verschiedene Spalten mit Quadranten aus farbigen Post-its bzw. Metaplankarten. Jede Spalte stellt einen Status dar und User-Storys werden immer dann in eine neue Spalte gezogen, wenn sich der Status geändert hat.

Durchführung

Habt Ihr die Vorlage des *Storyboards* erstellt, könnt Ihr damit beginnen, Epics für Euer Ziel zu definieren. Epics beschreiben auf der Metaebene die Story zur Erfüllung der Aufgabe. Sie beschreiben eine Aufgabe nur sehr grob und übergeordnet. Um eine Aufgabe wirklich bearbeiten zu können, müssen Epics in Tasks heruntergebrochen werden. Ein gutes Epic sollte Folgendes beinhalten:

- Kontext
- Anwender und Nutzer
- Ziele
- Aktivitäten

Anschließend brecht Ihr Eure Epics in spezifische User-Storys herunter, die ganz genau definieren, was Ihr für die Zielerreichung zu erledigen habt. Sie helfen Euch, bestimmte Details für die jeweilige Aufgabe zu erkennen und strukturiert abzuarbeiten. Diese Storys könnt Ihr dann weiterhin in mögliche Unteraufgaben zerlegen. Beachtet bei der Erstellung Eurer User-Storys folgende Regeln:

User-Storys sind ...

- leicht zu verstehen,
- klein (unter zehn Tagen Arbeit),
- wertvoll (sobald sie fertig sind, sollten sie etwas Nutzbares liefern),
- einschätzbar (wie viel Aufwand steckt hinter der Story?),
- iterativ (sie können und sollten häufig abgeändert werden) und
- viel einfacher zu lesen als Anforderungsdokumente.

Die von Euch definierten User-Storys führt Ihr jetzt in gemeinsamer Arbeit durch den Prozess des Storyboards. Immer wenn sich der Status ändert bzw. eine User-Story beendet ist, wird sie auf dem Board umgehängt. So ist für alle Teammitglieder zu jederzeit transparent, an welcher Story montan gearbeitet wird.

Ein konkretes Beispiel aus der Praxis findet Ihr in der App. Scannt einfach das folgende Bild.

Das *Storyboard* in der agilen Praxis

Moderations- und Reflexionsfragen

- Wie seid Ihr vorgegangen, um User-Storys zu definieren?
- Wie ist es Euch bei der Bearbeitung der Storys ergangen?
- Wie schätzt Ihr die Transparenz und Übersichtlichkeit des Boards ein?
- Wo seht Ihr Vorteile in der Arbeit mit einem *Storyboard*?

1.7 Sweet-Spot-Methode

! **Tags**

Kundenorientierung, Einzelübung, Gruppenübung, kontinuierliche Verbesserung

Lernziel

Sofern Ihr schon ein Verständnis von Eurem Kundentypus, seinen Interessen und sein Kaufverhalten gewonnen habt, hilft Euch die *Sweet-Spot-Methode* dabei, Defizite im eigenen Produktportfolio zu identifizieren, Alleinstellungsmerkmale der eigenen Organisation zu ermitteln und die Produkte dahingehend zu verändern.

Material

- Flipchart
- oder: Whiteboard und entsprechende Stifte für alle Teilnehmer

Gruppengröße

Es empfiehlt sich, die *Sweet-Spot-Methode* mit einer Spieleranzahl von fünf bis 20 Personen zu spielen, um differenzierte, aber dennoch strukturierte Ergebnisse zu erzielen.

Dauer

Plant mindestens 60 Minuten für diese Übungseinheit ein.

Vorbereitung

Bevor Ihr die *Sweet-Spot-Methode* anwendet, solltet Ihr das Flipchart bzw. das Whiteboard entsprechend vorbereiten. Dazu zeichnet Ihr drei große Kreise, die sich jeweils überschneiden.

- Der **erste Kreis** steht für die Kunden: Welche Kundenbedürfnisse werden momentan noch nicht abgedeckt?
- Der **zweite Kreis** steht für den Markt: Welche weiteren Möglichkeiten bietet Markt, Kundenbedürfnisse zu befriedigen?
- Der **dritte Kreis** steht für das Angebot: Welche Elemente unseres Angebotes sollten wir in Zukunft nicht mehr anbieten, weil der Kunde sie nicht braucht? Welche Elemente sollten wir so vermarkten, dass der Kunde sie in Zukunft haben möchte?

Die Schnittstelle der Kreise *Kunden* und *Angebot* könnt Ihr mit »Sweet Spot« betiteln (Was können wir dem Kunden exklusiv bieten?). Die zweite Schnittstelle zwischen *Angebot* und *Markt* beschriftet Ihr mit »Me too« (Wo liegen wir mit dem Markt gleich auf?) und die Schnittstelle der Kreise *Kunden* und

Markt beschreibt Ihr als »Sour Spot« (Was bekommt der Kunde vom Markt, aber nicht von uns?). Eine weitere Schnittstelle ergibt sich nun aus den bereits vorhandenen Schnittstellen in der Mitte der Kreise: »Playing Field« (Was müssen wir bieten, um dabei zu bleiben?).

Schaut Euch an, wie die *Sweet-Spot-Methode* aufgebaut ist.

Die *Sweet-Spot-Methode*

Durchführung
Ihr habt nun die Aufgabe, die Kreise entsprechend zu füllen. Im Kreis »unser Angebot« notiert Ihr die wichtigsten Eigenschaften des eigenen Produkts. Eigenschaften, die dem Kunden besonders wichtig sind, werden in der Schnittmenge mit dem Kreis der Kunden notiert, allerdings nur, wenn die Konkurrenz diese Produkteigenschaften selbst nicht auch bietet. Sollte dies der Fall sein, werden die Eigenschaften im »Playing Field« festgehalten. Mithilfe des »Me too«-Feldes stellt Ihr einen Marktvergleich auf. Im »Sour Spot« werden diejenigen Eigenschaften des Konkurrenzangebots skizziert, die das eigene Angebot noch nicht aufweist. Dies ist ein wichtiger Ansatz für eine Diskussion in Eurem Team darüber, ob und wie diese Lücke zur Konkurrenz geschlossen werden kann. Der »Sweet Spot« beschreibt nun die Eigenschaften Eures eigenen Produktes, die Ihr dem Kunden exklusiv bietet. Auch hier solltet Ihr in der Diskussion im Team herausarbeiten, was Ihr tun könnt, um den Kunden einen wertvollen Nutzen zu liefern. Abschließend wird das Produktportfolio

daraufhin befragt, ob es Aspekte im eigenen Angebot gibt, die dem Kunden nicht wirklich wichtig sind und daher nicht mehr angeboten werden sollten.

Moderations- und Reflexionsfragen

- Wo seht Ihr Defizite im eigenen Produktportfolio?
- Inwiefern hat die Methode geholfen, diese sichtbar zu machen?
- Wie wollt Ihr in Zukunft Eure Alleinstellungsmerkmale weiter ausbauen?

Quelle

Der Erfinder der *Sweet-Spot-Methode* ist Martin J. Eppler.

1.8 Kill your Company

Tags
Einzelübung, Gruppenübung, Kundenorientierung

Lernziel

Das Tool *Kill your Company* verfolgt das Ziel, Organisationen bzw. deren Produkte auf einer Metaebene zu betrachten, um auf diese Weise Verbesserungen und Weiterentwicklungen zu identifizieren.

Material

- Flipchart, Whiteboard oder eine Metaplanwand mit Brownpaper
- passende Stifte

Gruppengröße

Im Prinzip kann man das Tool auch in Einzelarbeit anwenden, Vielseitigkeit entsteht jedoch durch mehrere Teilnehmer.

Dauer

Je nach Gruppengröße plant Ihr ca. 60 Minuten ein. Wenn Euch dieses Tool zusagt, solltet Ihr es in regelmäßigen Abständen wiederholen, um neue Aspekte und Marktveränderungen schnell aufzugreifen.

Vorbereitung

Zur Vorbereitung des Spiels zeichnet Ihr ein Kreuzdiagramm auf ein Flipchart oder ein Whiteboard. Die X-Achse zeigt dabei die Auswirkung auf das eigene Unternehmen bzw. die Produktsparte, in der Ausprägung »gering« bis »hoch«. Die Y-Achse repräsentiert die Eintrittsgeschwindigkeit auf der Skala »gering« bis »hoch« bzw. die Umsetzbarkeit von »schwierig« bis »leicht«.

Wenn Ihr die folgende Abbildung mit der smARt-App scannt, seht Ihr, wie Ihr das Kreuzdiagramm gestalten könnt.

Das Kreuzdiagramm zu *Kill your Company*

Durchführung

Die Idee des Tools ist es, Euch in die Wettbewerber Eures Unternehmens hineinzuversetzen und zu überlegen, was genau in diesem Moment geschehen müsste, um Euer eigenes Unternehmen aus dem Markt zu vertreiben. Hierfür sammelt Ihr zu Beginn des Spiels in Stillarbeit Maßnahmen und Ideen. Theoretisch steht dafür eine unbegrenzte Zahl an Mitteln und Ressourcen zur Verfügung. Nach der Einzelarbeit tragt Ihr Eure Ergebnisse in die Matrix ein (je nach Auswirkung, Eintrittswahrscheinlichkeit und Umsetzbarkeit) bzw. heftet sie per Metaplankarten an die Pinnwand und stellt sie kurz vor. Nun solltet Ihr Euch vor allem die Maßnahmen mit hoher Eintrittswahrscheinlichkeit, leichter

Umsetzbarkeit, aber großer Auswirkung auf Euer Geschäft anschauen. Hier lassen sich schnell und einfach Maßnahmen identifizieren, die möglicherweise sehr wirkungsvoll sind und zu einer stärkeren Wettbewerbsfähigkeit gegenüber Euren Konkurrenten führen.

Moderations- und Reflexionsfragen

- Was wurde bei dem Experiment deutlich?
- Wie hat es sich angefühlt, mit der Brille Eures Konkurrenten auf Euer eigenes Unternehmen zu schauen?
- Wie könnt Ihr die Ergebnisse in Eurem Arbeitsalltag weiter nutzen?

1.9 Tripple Nickles

! **Tags**

Gruppenübung, Kreativität, Zusammenarbeit, Verbesserung, Innovation

Lernziel

Mit *Triple Nickles* generiert Ihr in kurzer Zeit gemeinsam neue Ideen zu einem bestimmten Thema. Ziel ist es, die Kreativität und unterschiedlichsten Perspektive aller Teammitglieder einzubeziehen, um bestmögliche Ergebnisse zu erzielen.

Material

- Metaplanwand
- DIN-A4-Papier für jeden Teilnehmer
- Stifte

Gruppengröße

Triple Nickles funktioniert bei einer Gruppengröße von vier bis zehn Personen.

Dauer

Je nach Gruppengröße plant Ihr eine Spieldauer von 30 bis 60 Minuten ein.

Vorbereitung

Zur Vorbereitung bildet Ihr einen Sitzkreis, in dem alle Platz finden. Bei Gruppen von acht bis zehn Teilnehmern bildet Ihr zwei Sitzkreise. Jeder Teilnehmer erhält ein Blatt Papier und einen Stift. In der Regel ist vorab allen Beteiligten klar, um welches Thema es bei dem Brainstorming gehen wird.

Durchführung

Nutzt diese Brainstorming-Methode, um neue Ideen zu einem Thema zu entwickeln. Jeder von Euch hat die Chance, jede Idee zu ergänzen oder zu verändern. Nehmt Euch fünf Minuten Zeit und notiert alle Ideen, die Euch zum Thema einfallen. Gebt das Blatt anschließend an den rechten Sitznachbarn weiter. Euch stehen wiederum fünf Minuten zur Verfügung, um weitere Ideen niederzuschreiben, die bereits existierenden zu ergänzen oder zu verändern. Wiederholt diesen Vorgang solange, bis die Blätter wieder bei ihrem ursprünglichen Autor sind.

Stellt Euch die Ideen gegenseitig vor. Jeder wählt dazu die seiner Meinung nach beste Idee auf seinem Blatt aus. Im Anschluss bewertet Ihr alle vorgestellten Ideen und bringt diese in eine Reihenfolge. Ihr könnt dazu z.B. eine

Punktbewertung mit Klebepunkten vornehmen. Überlegt Euch zu den Top-Ideen, wie diese realisiert werden könnten, oder vereinbart, wie Ihr weiter damit vorgehen wollt. Diskutiert zudem, ob Ihr die weiteren, nicht vorgestellten Ideen noch betrachten und vielleicht später umsetzen wollt.

Moderations- und Reflexionsfragen

- Wie bewertet Ihr die Qualität und Quantität der Ideensammlung?
- Inwiefern hat das Tool geholfen, neue Ideen zu generieren?
- Welche Vorteile seht Ihr in dieser Methode?
- Wie könnt Ihr dieses Tool in Eurem Arbeitsalltag integrieren?

Quelle

Das agile Tool *Triple Nickles* wird in dem Buch »Agile Retrospektive« von Esther Derby und Diana Larsen vorgestellt.

1.10 Weitere Tools in der Dimension Strategie

Die folgende Tabelle zeigt Euch drei weitere Tools und Spiele aus diesem Buch, die auch auf die **Dimension Strategie** einzahlen.

Tool	Kapitel
Market of Skills	6.3
World Café	6.11
Your Contribution to the Purpose	6.12

2 Strukturen: Kundenzentrierte Organisationsstrukturen schaffen

2.1 Chair Game

Tags
Gruppenübung, Aha-Effekt, einmalig, Warm-up, mit Moderator, Bewegung

!

Lernziel

Mit dem *Chair Game* erkennt Ihr, wie Erfolg durch Zusammenarbeit – auch über verschiedene Teams hinweg und ohne Kommunikation – entstehen kann. Ihr lernt, wie Ihr ein gutes gemeinsames Ergebnis trotz unterschiedlicher Ziele erreichen könnt.

Material

- 20 Stühle
- drei Auftragskarten mit einer dieser Anweisungen pro Karte:
  - »Stellt alle Stühle in einen Kreis«
  - »Stellt alle Stühle auf den Kopf«
  - »Stellt immer zwei Stühle zu einem Paar zusammen« oder alternativ: »Stellt immer zwei Stühle als Paar Rücken an Rücken«

Gruppengröße

Das *Chair Game* spielt Ihr immer in drei Gruppen. Die Anzahl der Gruppenmitglieder ist variabel, sollte aber mindestens aus drei Teilnehmern bestehen.

Dauer

Für das *Chair Game* solltet Ihr ca. 15 Minuten einplanen.

Vorbereitung

Die Auftragskarten müssen für die Durchführung des *Chair Games* vorab angefertigt werden. Außerdem sollten die Stühle verteilt in einem Raum aufgestellt werden.

Durchführung

Zu Beginn des Spiels bildet Ihr drei Gruppen, die je mindestens drei Gruppenmitglieder haben sollten. Ab jetzt dürft Ihr nicht mehr miteinander kommunizieren. Jede Gruppe erhält nun eine Karte mit einem Auftrag und wird gebeten, diesen Auftrag vor den anderen Gruppen geheimzuhalten. Der Moderator von Euch achtet darauf, dass jedes Mitglied der drei Gruppen den Arbeitsauftrag liest. Nun sollen die Anweisungen gemeinsam ausgeführt werden. Ist auch nach einiger Zeit kein Fortschritt zu erkennen, könnt Ihr den Hinweis geben, dass es in jedem Fall einen Weg gibt, dass alle Gruppen Ihr Ziel erreichen können. Der Lösungsansatz ist hier, dass am Ende des *Chair Games* alle Stühle in einem großen Kreis paarweise auf dem Kopf stehen.

In der App findet Ihr Bilder vom Spieleland der Agile HR Conference 2017.

Das *Chair Game* in der Praxis – Bilder von der Agile HR Conference 2017

Moderations- und Reflexionsfragen

- Was habt Ihr empfunden, als Ihr gegeneinander »gekämpft« habt?
- Wie hat es sich angefühlt, nicht miteinander kommunizieren zu können?
- Wie wichtig empfindet Ihr es im Nachhinein, die Ziele der anderen zu kennen?
- Was würdet Ihr sagen: Wie lassen sich Synergien zwischen den Parteien finden?
- Gibt es Parallelen zu Arbeitssituationen?

2.2 Magisches Dreieck

Tags

Großgruppe, Aha-Effekt, Komplexität, Spaßfaktor, Bewegung, mit Moderator

!

Lernziel

Mit dem *Magischen Dreieck* gewinnt Ihr ein Verständnis für komplexe Systeme und erzeugt Auswirkungen von Veränderungen im System. Spielerisch erkennt und versteht Ihr die wechselseitigen Abhängigkeiten und Beziehungen in Eurer Organisation und entwickelt Verständnis für eine ganzheitliche Beteiligung an Veränderungsprojekten. Dabei erlebt Ihr die Auswirkungen und die Dynamik von Veränderungen und erkennt den Sinn von kollektiver, vernetzter Zusammenarbeit.

Material

Für das *Magische Dreieck* benötigt Ihr kein Material. Stellt aber sicher, dass Ihr einen ausreichend großen Raum zur Verfügung habt.

Gruppengröße

An dem Spiel *Magisches Dreieck* sollten mindestens zehn Spieler teilnehmen. Hier gilt aber das Motto: Je mehr, desto besser! Denn je mehr Teilnehmer Ihr seid, umso komplexer und wirksamer wird das Spiel.

Dauer

Je mehr Teilnehmer mitmachen, desto länger dauert es. Ihr solltet bei zehn Teilnehmern von ca. 20-30 Minuten ausgehen.

Vorbereitung

Bevor Ihr loslegt, stellt alle Möbelstücke in Eurem Raum beiseite, so dass Ihr Euch möglichst frei im Raum bewegen könnt.

Durchführung

Zu Beginn des *Magischen Dreiecks* stellt der Moderator von Euch folgende Regel auf: »Ab sofort darf nicht mehr kommuniziert werden. Die Teilnehmer müssen die Aufgabe schweigend und auch ohne nonverbale Kommunikation lösen.«

Nun folgt die nächste Aufgabe durch den Moderator: »Jeder sucht sich zwei weitere Teilnehmer aus der Gruppe, ohne dass die anderen Teilnehmer wissen, wer wen ausgewählt hat!« Wenn die Teilnehmer damit fertig sind, erhalten sie anschließend die Aufgabe, mit diesen zwei Teilnehmern (die nur sie kennen) ein gleichseitiges Dreieck zu bilden. Die Seitenlänge des Dreiecks kann beliebig lang sein. Die Aufgabe ist erst dann gelöst, wenn jeder mit jedem sein gleichseitiges Dreieck gebildet hat und das System zur Ruhe kommt. Das kann mehrere Minuten dauern. Gegebenenfalls muss der Moderator von Euch zwischendurch daran erinnern, dass weder verbal noch nonverbal miteinander kommuniziert werden darf.

Im Anschluss simuliert der Moderator eine Veränderung, z. B. wird in der Organisation der Teilnehmer ein Bereich ausgelagert. Dies dürft Ihr gerne ein wenig bildhaft ausschmücken, da es dann für die Teilnehmer anschaulicher wird. Der Moderator bittet einen Teilnehmer, das System zu verlassen und seine Bezugspersonen mitzunehmen. Das hat Auswirkungen auf die im System verbleibenden Teilnehmer. Diejenigen, die Teile ihres Dreiecks verloren haben, wählen nun wiederum neue Mitspieler aus, mit denen sie ein gleichseitiges Dreieck bilden wollen. Sobald sie dann versuchen, sich neu zu positionieren, hat dies auch Auswirkungen auf die Teilnehmer, die nicht direkt von der Änderung betroffen waren. Die Aufgabe ist erneut erst gelöst, sobald jeder wieder mit den zwei ausgewählten Spielteilnehmern ein gleichseitiges Dreieck gebildet hat. Auch dies nimmt einige Minuten in Anspruch, ist aber lösbar!

Seht hier, wie Teilnehmer der Agile HR Conference das *Magische Dreieck* spielen.

Das *Magische Dreieck* in der Praxis – Bilder von der Agile HR Conference 2017

Moderations- und Reflexionsfragen

- Was wurde in diesem Experiment deutlich?
- Wie habt Ihr Eure eigene Rolle wahrgenommen? Wie ist es Euch ergangen?
- Wer musste sich nach dem Eingriff bewegen und wer nicht?
- Inwiefern habt Ihr die zweite Runde anders erlebt als die erste?
- Was war Eure wichtigste Erkenntnis bei diesem Experiment?

Quelle

Die Grundidee stammt aus der Ideenfabrik von MWonline: www.mwonline.de

2.3 Ruck Zuck

! **Tags**

Gruppenübung, Kommunikation, Spaßfaktor, Aha-Effekt, mit Moderator, aktiv zuhören

Lernziel

Mit dem Spiel *Ruck Zuck* erlebt Ihr, welche Effekte eine stark funktionale, silo-orientierte Sicht auf die Bearbeitung und Lösung von Aufgaben hat und wie wichtig eine teamübergreifende Kommunikation für den Gesamtprozess ist.

Material

Für *Ruck Zuck* benötigt Ihr kein Material.

Gruppengröße

Um die Effekte von *Ruck Zuck* erleben zu können, benötigt Ihr mindestens sechs Teilenehmer.

Dauer

Für dieses Spiel solltet Ihr eine Dauer von ca. 15 bis 25 Minuten einplanen.

Vorbereitung

Sorgt für genügend Platz, um Euch in einer Reihe aufzustellen. Je nach Anzahl der Teilnehmer bildet Ihr eine oder mehrere Gruppen. Eine Gruppe sollte mindestens aus sechs Teilnehmern bestehen.

Durchführung

Zu Beginn stellt Ihr Euch innerhalb der Gruppen hintereinander in einer Reihe auf. Dabei guckt Ihr alle in eine Richtung. Ab jetzt darf für die gesamte Dauer der Durchführung nicht mehr gesprochen werden. Einer von Euch (der als Spielleiter fungiert) denkt sich für jede Gruppe einen Begriff aus und schreibt diesen gut leserlich auf einen Zettel. Ein Begriff kann z.B. ein Gegenstand (z.B. »Hausboot«) sein, eine Tätigkeit (z.B. »Urlaubsreise«) oder eine Person des öffentlichen Lebens (z.B. »Angela Merkel«). Für die Gruppenmitglieder gilt es, jeweils einzeln den Begriff zu erraten und ihn anschließend weiterzureichen, ohne dabei miteinander zu sprechen oder Hilfsmittel wie Zettel und Stifte zu benutzen.

Der Spielleiter zeigt dem letzten Teilnehmer innerhalb der Reihe den Begriff. Alle anderen Gruppenmitglieder gucken nach vorne, also weg vom letzten Mitglied der Reihe. Der letzte Teilnehmer in der Reihe gibt als Zeichen sein

Okay. Der Spielleiter sorgt dafür, dass niemand anderes den Begriff auf dem Zettel sieht.

Nun geht es los. Der Teilnehmer, der den Begriff kennt, tippt seinen Vordermann an und dieser dreht sich um. Mittels Gestik und Mimik erklärt der »Eingeweihte« den Begriff. Eine zeitliche Beschränkung gibt es dafür nicht. Der Spielleiter sollte aber nach etwa einer Minute darauf einwirken, dass es weitergeht, auch wenn der Begriff möglicherweise nicht eindeutig verstanden wurde. Der Erklärende dreht sich anschließend weg von den verbleibenden Teilnehmern, um nicht versehentlich Hinweise zu geben. Der Vorgang wiederholt sich bis der Begriff beim ersten Teilnehmer in der Reihe angekommen ist.

Lüftet abschließend das Geheimnis. Welchen Begriff errät der Teilnehmer ganz vorne in der Reihe? Was haben die anderen gedacht? Welcher Begriff wurde durch den Spielleiter hineingegeben? Ihr könnte das Spiel mehrere Runden lang spielen, ratsam ist es jedoch, mindestens zwei Durchgänge zu machen. Achtet bei der zweiten Runde darauf, dass Ihr die Reihenfolge umkehrt.

Moderations- und Reflexionsfragen

- Wie ist es Euch ergangen? Was habt Ihr gefühlt?
- Was ist Euch aufgefallen? Welcher Effekt ist eingetreten?
- Seht Ihr Parallelen zur Arbeitswelt und welche Lösungen für Kommunikationsstrategien unter den Mitarbeitern gäbe es dort?

Quelle

Das Tool *Ruck Zuck* wurde von der gleichnamigen Fernsehshow adaptiert und für den Arbeitskontext angepasst.

2.4 Meddlers Spielsteine

! Tags
Kundenorientierung, Gruppenübung, Reflexion, kontinuierliche Verbesserung

Lernziel

Ziel von *Meddlers* ist es, bestehende Strukturen innerhalb einer Organisation und die Teamzusammenhänge zu überdenken sowie diese agiler und kundenorientierter zu gestalten. Mithilfe des Spiels entstehen Diskussionen über die internen Veränderungsmöglichkeiten im Unternehmen. Das Ergebnis ist die Entwicklung eines optimalen Aufbaus der Organisation für die bestmögliche Beantwortung der Kundenwünsche.

Material

Spielsteine könnt Ihr über die App kostenlos herunterladen. Scannt dazu das nachstehende Bild.

Gruppengröße

Für *Meddlers* hat sich eine Gruppengröße von maximal sechs Personen als geeignet erwiesen. Solltet Ihr das Spiel mit mehr Teilnehmern spielen wollen, könnt Ihr auch in zwei oder mehr einzelnen Gruppen spielen und Euch am Ende des Spiels gegenseitig die Ideen präsentieren.

Dauer

Plant für dieses Spiel eine maximale Zeit von 90 Minuten ein.

Vorbereitung

Die Grundidee von *Meddlers* wurde von dem bekannten Brettspiel-Klassiker »Die Siedler von Catan« adaptiert und auf den organisationalen Kontext übertragen. Nach Bedarf könnt Ihr weitere Rollen für Spielsteine, die in der Vorlage fehlen, selbst ergänzen. Sobald Ihr diese im Anschluss ausgedruckt und ausgeschnitten habt, kann das Spiel schon losgehen.

Meddlers Spielsteine – Vorlagen zum kostenlosen Download

Durchführung

Ihr entwickelt mithilfe der Spielsteine eine Eurer Vorstellung nach optimale Struktur für Euer Unternehmen. Diese sollte den aktuellen Anforderungen Eurer Organisation gerecht werden sowie eine bestmögliche Beantwortung der Kundenwünsche gewährleisten. Die Spielsteine stellen Teams und Kunden dar. Auf den Spielsteinen werden unterschiedliche Funktionen dargestellt, unter anderem Softwareentwickler, Product Owner oder Scrum Master. Im Laufe des Spiels entwickelt Ihr Strukturen und Konstellationen aus funktionalen und cross-funktionalen Teams sowie Kunden, denen unterschiedliche Funktionen zugeordnet werden.

Es bleibt Eurer Kreativität überlassen, Funktionen innerhalb oder außerhalb der Teams aufzuhängen, cross-funktionale oder funktionale Teams zu bauen oder Teams, die in engem Austausch stehen, miteinander zu verbinden. Entscheidend ist neben dem Aufbau der Strukturen vor allem der offene Dialog innerhalb Eurer Gruppe über Vor- und Nachteile sowie Chancen und Risiken der jeweiligen Konstellationen.

Moderations- und Reflexionsfragen

- Wie hat sich das Arbeiten in der netzwerkartigen und kundenorientierten Unternehmensstruktur angefühlt?
- Welcher Unterschied zu klassischen Organisationsstrukturen war feststellbar?
- Was waren die wesentlichen Erkenntnisse hinsichtlich agiler Organisationsstrukturen?
- Inwieweit konntet Ihr die Kundenwünsche besser bedienen?

Quelle

Der Erfinder von *Meddlers* ist Jurgen Appelo, Autor von »Management 3.0.« Auf https://management30.com/product/meddlers/ erfahrt Ihr mehr.

2.5 Weitere Tools in der Dimension Struktur

Die folgende Tabelle zeigt Euch sechs weitere Tools und Spiele aus diesem Buch, die auch auf die **Dimension Struktur** einzahlen.

Tool	Kapitel
Affinity Map	1.1
Cynefin Lego Game	3.3
Domino Effect	3.4
Team-Skill-Matrix	5.9
Kill a stupid rule	6.5
World Café	6.11

3 Prozesse: Agile Prozesse erleben

3.1 Ball Point Game

Tags
Spaßfaktor, Großgruppe, mit Moderator, kontinuierliche Verbesserung, Bewegung

Lernziel
Ihr wollt agile Prozesse spielerisch erlebbar machen? Dann hilft Euch das *Ball Point Game*, um agile Prozesse verständlicher zu machen. Ihr simuliert den agilen Produktionsprozess in mehreren Zyklen. Ihr erlebt Scrum-Artefakte wie Plannings oder Retrospektiven und sammelt erste Erfahrungen in selbstorganisierten Teams.

Gruppengröße
Das *Ball Point Game* lässt sich am besten mit Gruppen von sechs bis 50 Personen spielen. Grundsätzlich gilt: Je mehr Mitspieler, desto besser. Bei sehr kleinen Gruppen bieten sich in der Regel weniger Möglichkeiten zur Optimierung in den einzelnen Iterationen, da weniger »Stationen« vorhanden sind. Dadurch sind Lerneffekte und Erkenntnisgewinne in der Regel in größeren Gruppen auch entsprechend größer.

Dauer
Je nach Gruppengröße solltet Ihr zwischen 30 und 45 Minuten einplanen.

Material
- Stoppuhr
- Flipchart und passende Stifte
- mindestens 100 Bälle gleicher Art (Bälle aus Bällebädern für Kinder sind z.B. gut geeignet, aber auch Tischtennisbälle)
- Box, Mülleimer oder Ähnliches, in denen die Bälle gesammelt werden können

Vorbereitung
Ihr benötigt einen ausreichend großen Raum, in dem sich die gesamte Gruppe bequem bewegen kann. Auf dem Flipchart bereitet der Moderator und Spielleiter eine Tabelle vor, auf der die Spalten »Iteration«, »Schätzung« und »Done« enthalten sind.

Die Spielregeln könnt Ihr vorab auf einem Flipchart visualisieren, die Ihr in der App findet. Um einen Eindruck zu gewinnen, wie das *Ball Point Game* abläuft, könnt Ihr Euch ein Video und Fotos vom Spieleland der Agile HR Conference ansehen.

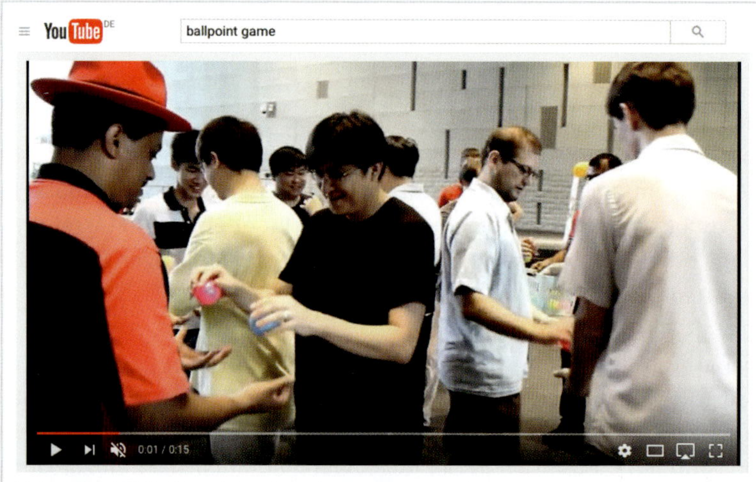

Die Regeln des *Ball Point Games*, ein Video und Fotos zum Spiel

Durchführung

Zuerst ernennt Ihr einen Spielleiter, der auch auf die Zeit achtet. Die anderen Teilnehmer sind Teil des großen Teams und fungieren als »Ballmaschine«. Das Team hat die Aufgabe, so viele Bälle wie möglich in einer bestimmten Zeit durch die »Ballmaschine« zu schleusen. Dafür erhält es nur einige wenige Regeln, die einzuhalten sind. Ansonsten kann sich das Team selbstständig organisieren und den idealen Weg für das beste Ergebnis finden.

Die Hauptregel lautet: Der Ball muss durch das ganze Team hindurch transportiert werden, d.h. jeder von Euch muss jeden Ball mindestens einmal berühren. Das Teammitglied, bei dem der Prozess startet und von dem die Bälle in das Team gegeben werden, muss auch das Prozessende bilden und die Bälle in eine Box werfen, um sie am Ende einer jeden Runde zählen zu können. Bei der Ballübergabe zwischen den Teammitgliedern muss der Ball eine »Airtime« haben: Er darf somit nicht von einer Hand in die nächste gelegt werden, sondern muss kurz durch die Luft geworfen werden. Darüber hinaus darf der Ball nicht an den direkten Nachbarn zur linken oder rechten weitergegeben werden, die Weitergabe an gegenüberstehende Mitspieler ist aber erlaubt. Bälle, die auf den Boden fallen, dürfen nicht aufgehoben werden, sondern sind ungültig. Eine Runde dauert jeweils zwei Minuten.

Vorher erhält das Team jeweils zwei Minuten für die Planung, um sich über das bestmögliche Vorgehen zu beraten. Bevor die erste Runde gespielt wird, muss das Team schätzen, wie viele Bälle es erfolgreich in zwei Minuten durch das Team schleusen kann. Dann bekommt das Team zwei Minuten Zeit zum Spielen bzw. für die Durchführung und den Transport der Bälle. Im Anschluss an den Durchgang bekommt das Team eine Minute für eine Retrospektive, um über mögliche Verbesserungen im Prozess zu sprechen. Dann wird die nächste Runde gespielt. Sie beginnt wieder mit einer Schätzung, dann folgt die Durchführung und endet wieder mit einer Retrospektive. Insgesamt gibt es mehrere Runden, in denen das Spiel gespielt wird, in der Regel fünf, um den Effekt sichtbar zu machen.

Moderations- und Reflexionsfragen

- Wie hat sich das Arbeiten in kurzen Iterationen angefühlt?
- Welche Prinzipien oder Annahmen könnten hinter solch einem agilen Prozess/Vorgehen stehen?
- Wie ist es Euch gelungen, Eure Ergebnisse zu verbessern?

Quelle

Das *Ball Point Game*, erfunden von Boris Gloger, fand rasche Verbreitung in der agilen Community und wird oft eingesetzt, um Teams auf spielerische Art einen ersten Kontakt mit agilen Prozessen und ihren Wirkungsweisen zu ermöglichen.

3.2 Coffee Game

!

Tags

mit Moderator, Gruppenübung, kontinuierliche Verbesserung, Zusammenarbeit, Kundenorientierung

Lernziel

Mit dem *Coffee Game* sammelt Ihr spielerische Erfahrung als Product Owner. Ihr lernt, was Ihr bei der Priorisierung Eures Backlogs und in der Zusammenarbeit mit unterschiedlichen Interessenvertretern (Stakeholdern) und deren Bedürfnissen berücksichtigen müsst. Darüber hinaus werdet Ihr aber auch lernen, wie Ihr dabei den (finanziellen) Wert für das Unternehmen nicht aus den Augen verliert und diesen weiter steigern könnt.

Material

- Süßigkeiten z. B. in Form von M&Ms als Bonus
- Würfel (einen pro Team)
- ausgedruckte User-Storys (eine pro Team)
- ausgedruckte Unterlagen mit den Rollen und Spielberichtsbögen (einmal pro Team)
- Folien zur Erklärung des Spiels inklusive eines Beamers zur Präsentation

Für den Download der Spielunterlagen (Berichtsbogen, Rollenbeschreibungen und Spielanleitung) scannt das nachfolgende Foto.

Gruppengröße

Ihr benötigt mindestens acht Spielteilnehmer. Dabei bilden je vier Spieler ein Serviceteam. Mehr Spaß und Erkenntnisse bringt es aber, wenn mehr als zwei Teams miteinander spielen können. Zudem sollte ein Moderator eingesetzt werden.

Dauer

Je nach Gruppengröße solltet Ihr circa 45 bis 60 Minuten einplanen.

Vorbereitung

Der Moderator von Euch sorgt zu Beginn dafür, dass die Teilnehmer eigenständig Teams bilden. Dabei solltet Ihr darauf achten, dass die Teilnehmerzahl pro Team zwischen vier und sieben liegt. Anschließend händigt Ihr die Unterlagen (Serviceteam, Anleitungen und Spielberichtsbogen) an die jeweiligen Teams aus und besprecht die Inhalte des Spiels mit ihnen, indem Ihr die Präsentationscharts nutzt. Weiterhin besprecht Ihr zusammen eine exemplarische

User-Story. Im letzten Schritt der Vorbereitung erhält das Team zwei Minuten Zeit, um die einzelnen vorgegebenen Rollen im Team zu verteilen und einen Product Owner auszuwählen. Hierbei sollten alle Teammitglieder eine Position einnehmen. Es ist aber auch in Ordnung, wenn nicht alle Positionen vertreten sind. Ihr betont nun, dass die Teams einen Bonus in Form von Süßigkeiten bekommen, wenn sie ihre Stakeholder glücklich machen. Bevor das Spiel startet, gibt sich jedes Team noch einen Namen.

Das *Coffee Game* – Spielanleitung und Spielunterlagen zum Download

Durchführung

Zu Beginn der ersten Runde händigt der Moderator die ersten User-Stories aus und erteilt den Auftrag, diese in eine priorisierte Reihenfolge zu bringen. Kriterien dafür gibt Ihr nicht vor. Dafür gewährt Ihr vier Minuten Zeit. Sollte die Aufgabe in der Zeit nicht gelöst sein, ist das kein Problem. Wichtig ist, dass die wichtigsten Storys identifiziert und in eine Reihenfolge gebracht sind. Im Anschluss findet das sogenannte Sprint Planning statt. Nun müssen die Teams die am höchsten priorisierten User-Storys aus dem Backlog auswählen, von denen sie glauben, sie im ersten Sprint fertigstellen zu können. Das Ergebnis ist das Sprint-Backlog. Für diese Aufgabe haben sie eine Minute Zeit. Der Sprint startet nun mit einer geplanten Geschwindigkeit von 15 Punkten. Mithilfe eines kurzen Würfelspiels wird aber nun im Vorhinein die »tatsächliche« Geschwindigkeit der Teams geschätzt. (Würfelt das jeweilige Team eine 1 oder

2, verringert sich die Geschwindigkeit auf 13; würfelt es eine 3 bzw. 4, bleibt es bei 15; würfeln es eine 5 oder 6, erhöht sich die Geschwindigkeit auf 17.) Die Zeiten werden anschließend im Spielberichtsbogen unter der Spalte »Geplante oder tatsächliche Geschwindigkeit« festgehalten. Nun selektieren die Teams von oben nach unten die User Storys aus dem Sprint-Backlog, die maximal ihrer aktuellen Geschwindigkeit entsprechen. Nach dem ersten Sprint können alle restlichen Spalten des Spielberichtsbogens ausgefüllt werden:

- aktuelle Story-Punkte: Story-Punkte, die auf Grundlage der aktuellen Geschwindigkeit erreicht wurden
- Business Value im Sprint: Geschäftswert der Storys
- gesammelter Geschäftswert (kumulativer Business Value): Wertschöpfung aus allen Sprints
- zufriedene Stakeholder: kumulativer Glückswert aller Stakeholder

In der Retrospektive nach dem ersten Sprint könnt Ihr nun besprechen, welche Strategien Ihr gewählt habt, um Euren Backlog zu ordnen, und wie wichtig es ist, auf die Bedürfnisse der Stakeholder zu schauen. Dieses Spiel könnt Ihr in der zweiten und dritten Runde mit neuen User-Storys auf die gleiche Weise fortführen.

Das Team mit der höchsten Punktzahl nach der dritten Runde bzw. drei Sprints gewinnt. Die Gesamtpunktzahl ergibt sich durch eine Formel, die sich aus Business Value und Zufriedenheit der Stakeholder zusammensetzt. Mit anderen Worten: Es gewinnt das Team, das so viel Business Value wie möglich produziert, aber gleichzeitig für zufriedene Stakeholder sorgt.

Moderations- und Reflexionsfragen

- Was habt Ihr gelernt?
- Was ist Euch leichtgefallen, was schwer?
- Welche Verbesserungsvorschläge habt Ihr?

Quelle

Das *Coffee Game* wurde von tastycupcakes.org erfunden.

3.3 Cynefin Lego Game

Tags
Gruppenübung, Erkenntnisgewinn, Reflexion, mit Moderator

!

Lernziel
Mit dem *Cynefin Lego Game* gewinnt Ihr ein Verständnis des Cynefin-Frameworks von Dave Snowden. Ihr erlebt und diskutiert die Unterschiede zwischen einfachen, komplizierten, komplexen und chaotischen Umfeldern.

Material

- mehrere hundert Legosteine (etwa 200 Legosteine pro Gruppe in diversen Farben und Formen)
- ein Tisch pro Gruppe
- Flipchart mit entsprechenden Stiften

Gruppengröße
Erfahrungsgemäß erzielt Ihr die besten Ergebnisse, wenn ca. sechs bis zwölf Teilnehmer an dem *Cynefin Lego Game* beteiligt sind.

Dauer
Ihr solltet eine Spieldauer von etwa 60 Minuten einplanen.

Vorbereitung
Bildet verschiedene Gruppen mit drei bis sechs Mitgliedern. Jede Gruppe erhält etwa 200 Legosteine. Achtet darauf, dass diverse Farben und Formen enthalten sind, möglichst auch spezielle Steine, wie z.B. Blumen, Räder oder Türen.

Durchführung
Die Durchführung erfolgt iterativ. Dabei geht Ihr zusammen durch das Modell. Besprecht nach jeder Aufgabe (Domäne) kurz Eure Erlebnisse und die charakteristischen Merkmale des gewählten Vorgehens. Derjenige von Euch, der als Spielleiter fungiert, visualisierst schrittweise das Modell im Rahmen von kurzen Nachbesprechungen.

Schaut Euch hier die fünf Domänen von Dave Snowden an, auf die das *Cynefin-Lego-Game* basiert. Die Grundlagen des Cynefin Frameworks könnt Ihr ebenfalls hier abrufen.

Erläuterung der fünf Domänen von Dave Snowden

Erste Aufgabe (Domäne): Einfach

Sortiert Eure Steine nach Farben. Geht dabei so schnell wie möglich vor. Sammelt die speziellen Steine auf einem separaten Haufen. Entscheidet gemeinsam, welche das sind.

- Wie viel Planungszeit war erforderlich?
- Wie groß war die Notwendigkeit zur Abstimmung während der Umsetzung?
- Wie würdet Ihr den Schwierigkeitsgrad dieser Aufgabe beschreiben?
- Welche Art von Aufgaben aus dem beruflichen oder privaten Kontext würdet Ihr in diese Kategorie einordnen?

Zweite Aufgabe (Domäne): Kompliziert

Baut so schnell wie möglich ein Gebilde aus mindestens 20 Steinen. Es soll ein farbliches Muster erkennbar sein. Jede Reihe Legosteine, die hinzugefügt wird, darf nicht größer sein als die Reihe, auf die die neue gesetzt wird.

- Was war der Unterschied zu der einfachen Aufgabe?
- Wie viel Planung war für diese Runde erforderlich?
- War in dieser Runde mehr Abstimmung während der Umsetzung notwendig?
- Welche Art von Aufgaben aus dem beruflichen oder privaten Kontext würdet Ihr in diese Kategorie einordnen? Welche Vorgehensweisen haben sich dafür bewährt?

Dritte Aufgabe (Domäne): Komplex

Entscheidet innerhalb von 30 Sekunden, ob Ihr ein Tier oder ein Fahrzeug baut. Es gilt weiterhin, dass ein farbliches Muster erkennbar sein muss. Jeder darf nur eine Farbe berühren. Nach Ablauf der ersten 30 Sekunden darf nicht mehr geredet werden. Alle 60 Sekunden wechselt Ihr als Team den Tisch. Nehmt Euer unvollendetes Tier oder Fahrzeug mit, nicht jedoch die Steine.

- Worin besteht der Unterschied im Vergleich zu den ersten beiden Runden? Wie würdet Ihr Euer Vorgehen beschreiben?
- War in dieser Runde eine Abstimmung während der Umsetzung notwendig? Wie seid Ihr damit umgegangen?
- Hätte eine fünfminütige Planungsphase, in der Ihr hättet reden dürfen, alle Herausforderungen gelöst?
- Welche Art von Aufgaben aus dem beruflichen oder privaten Kontext würdet Ihr in diese Kategorie einordnen?

Vierte Aufgabe (Domäne): Chaotisch

Alle Regeln zur dritten Aufgabe bleiben bestehen. Jedoch dürft Ihr ab sofort nicht reden. Entscheidet nun, ob Ihr ein Gebäude oder eine Pflanze baut (ohne zu sprechen). Während der Spielrunde tauscht der Moderator einzelne Teilnehmer der Gruppen aus.

- Worin bestand der Unterschied im Vergleich zur vorherigen Runde?
- Wie seid Ihr mit der Einschränkung umgegangen, nicht reden zu dürfen?
- War allen jederzeit klar, was entstehen sollte?
- Wie fühlte es sich an, ein Teammitglied zu verlieren bzw. in ein anderes Team neu einzutreten?

Moderations- und Reflexionsfragen

- Wie habt Ihr die unterschiedlichen Aufgabenstellungen wahrgenommen?
- Für welche Aufgaben eignen sich voraussichtlich agile Vorgehensweisen und Methoden am besten?
- Was könnte ein erstes Ziel im Umgang mit Chaos sein?

Quelle

Das *Cynefin Lego Game* wurde von Agile42 auf Basis des Cynefin Frameworks konzipiert. Das Framework und Beispiele könnt Ihr Euch in der App anschauen.

3.4 Domino Effect

Tags
Gruppenübung, Erkenntnis, Innovation

!

Lernziel

Mithilfe des Tools *Domino Effect* setzt Ihr Euch mit Unterschieden zwischen den im Team entwickelten und den von außen vorgegebenen Aufwandsschätzungen auseinander. Ihr erlebt, welchen Einfluss dies auf gruppendynamische Prozesse sowie die Qualität der Ergebnisse hat.

Material

- 99 Dominosteine
- drei Zollstöcke
- Stoppuhr

Gruppengröße

Erfahrungsgemäß erzielt Ihr die besten Ergebnisse, wenn ca. neun bis 15 Teilnehmer mitmachen.

Dauer

Plant inklusive Reflexionsphase ca. 30 Minuten sein.

Vorbereitung

In der Vorbereitung bildet Ihr drei möglichst gleich große Teams. Jedes Team erhält 33 Dominosteine und einen Zollstock.

Durchführung

Eure Aufgabe ist es nun, in Eurem Team einen Turm aus Dominosteinen zu bauen, der mindestens 50cm hoch ist. Schätzt vor dem Start, wie viel Zeit Ihr wohl dafür benötigen werdet.

Bevor die Teams mit dem Bau des Turms beginnen, wählt der Spielleiter und Moderator von Euch ein Team aus, das den Turm in weniger als vier Minuten fertigstellen soll. Ein weiteres Team erhält sogar 15 Minuten Zeit für die Aufgabe. Dem dritten Team steht die anfangs geschätzte Zeit zur Verfügung. Der Bau beginnt.

Nach vier Minuten betrachtet der Spielleiter das Ergebnis des Teams, das bereits fertig sein soll. Geht davon aus, dass das Team die Aufgabe nicht in der kurzen Zeit gelöst hat. Das Team erhält nun noch einmal weitere zwei Minuten, um es besser zu machen. Nach sechs Minuten schaut sich der Spielleiter den Turm erneut an und stellt voraussichtlich fest, dass auch die zwei Minuten nicht ausreichend waren. Der Spielleiter räumt dem Team erneut zwei Minuten zusätzliche Bauzeit ein.

Ihr wartet, bis alle Teams die Aufgabe erfüllt und den Turm in der geforderten Höhe gebaut haben. Meist benötigt das Team, das 15 Minuten Zeit zur Verfügung hat, fast die gesamte Zeit. Das Team hingegen, das die zur Verfügung stehende Zeit selbst geschätzt hat, liegt etwa im zeitlichen Rahmen.

Moderations- und Reflexionsfragen

- Wie habt Ihr Euch während der Bearbeitung der Aufgabe gefühlt?
- Wie ist es Euch in der Gruppe ergangen? Welchen Einfluss haben die Zeitvorgaben auf die Gruppendynamik?
- Welche Auswirkungen hatten die unterschiedlichen zeitlichen Vorgaben auf die Qualität?

Quelle

Das agile Tool *Domino Effect* stammt von TastyCupcakes.org. Hier könnt Ihr Euch die Originalanleitung anschauen.

Domino Effect – die Originalspielanleitung

3.5 Planning Poker

Tags
Gruppenübung, kontinuierliche Verbesserung, Erkenntnisgewinn, Kauf

Lernziel
Mit dem Einsatz von *Planning Poker* fördert Ihr Euer gemeinsames Verständnis von Aufgaben im Team. Ihr nutzt Euer gebündeltes Wissen im Team zur Entwicklung neuer Lösungsansätze und bindet alle aktiv bei der Schätzung ein.

Material
- je Teilnehmer ein Set *Planning-Poker*-Karten (ein Set besteht aus 12 Karten: 0, 1, 2, 3, 5, 8, 13, 20, 40, 100, Kaffeetasse, Fragezeichen)
- ein Flipchart oder eine Metaplanwand, um die Schätzergebnisse zu notieren
- passende Stifte

Die *Planning-Poker*-Karten könnt Ihr über die App bestellen.

Planning-Poker-Karten bestellen – Vorlage und eigene Gestaltung der Karten

Gruppengröße

Planning Poker lässt sich idealerweise mit sechs bis zwölf Teilnehmern spielen. Wenn mehr Personen teilnehmen, wird es unübersichtlich und deutlich zeitaufwendiger.

Dauer

Ihr solltet pro Schätzaufgabe (User-Story) ca. fünf bis zehn Minuten einplanen.

Vorbereitung

Setzt *Planning Poker* insbesondere für Aufgaben (User Storys) ein, die neue Lösungsansätze erfordern und bei denen Wissen aus mehreren unterschiedlichen Bereichen zusammenkommt. Vereinbart, dass Schätzungen nicht durch einzelne aus dem Team vorweggenommen werden. Es ist wichtig, dass jeder – unbeeinflusst durch andere – seine persönliche Schätzung abgibt.

Durchführung

Geschätzt wird die Komplexität einer Aufgabe im Verhältnis zu anderen Aufgaben. Unterschiedliche Vorstellungen der Mitglieder eines Teams werden aufgezeigt und gemeinsam diskutiert. Die *Planning-Poker*-Karten beinhalten die Zahlenkarten 0, 1, 2, 3, 5, 8, 13, 20, 40, 100. Die Zahlen stellen die Komplexität der Aufgabe dar. Je komplexer, größer und unbekannter sie ist, desto ungenauer wird die Schätzung. Deshalb reicht es aus, wenn mit den kleineren Zahlen feinere Abstufungen möglich sind. Nach hinten heraus spielt es keine Rolle, ob eine Aufgabe mit 40, 38 oder 41 geschätzt wird. Eine hohe Zahl beschreibt sehr komplexe Aufgaben. Dies ist ein Indikator dafür, dass das Thema möglicherweise nicht durchdrungen wurde bzw. die Aufgabe kleinteiliger gestellt werden muss. In längeren Sessions könnt Ihr die Kaffeetassen-Karte heben, um eine Pause einzubauen. Das Fragezeichen als weitere besondere Karte macht deutlich, dass die zu schätzende Aufgabe bzw. das Thema noch nicht klar ist und Ihr Euch nicht in der Lage fühlt, eine sinnvolle Schätzung abzugeben.

Falls Ihr das Spiel zum ersten Mal spielt, beginnt mit einer bekannten Aufgabe, die eine mittlere Komplexität aufweist (meist eine 3, 5 oder 8). Diese dient bei den folgenden Schätzungen als Referenz. Ist die zu schätzende Aufgabe in etwa gleich groß, kleiner, viel kleiner, größer oder viel größer?

Ein Teilnehmer von Euch, der die zu schätzende Aufgabe inhaltlich gut kennt, erklärt sie kurz den anderen Mitspielern. Ihr diskutiert die Aufgabe und notiert Diskussionsinhalte (Ideen, Details, Annahmen, Risiken usw.). Jeder überlegt sich eine Schätzung und legt die dazugehörige Karte verdeckt auf den

Tisch. Danach decken alle die Karten gleichzeitig auf. Sollten die Schätzungen stark voneinander abweichen, diskutiert Ihr die Gründe dafür. Begrenzt die Diskussion auf maximal fünf Minuten. Die Schätzungen werden wiederholt, bis sich alle auf eine Zahl einigen. Danach nehmt Ihr Euch die nächste Aufgabe vor. Am Ende des Spiels wurde für jede Aufgabe die entsprechende Komplexität in Punkten geschätzt.

Moderations- und Reflexionsfragen

- Lagen Eure Schätzungen nah beieinander oder weit auseinander? Welche Gründe könnte das haben?
- Wie habt Ihr Euch dabei gefühlt, alleine einen Schätzwert zu bestimmen?
- Welche Unterschiede stellt Ihr fest, wenn Ihr *Planning Poker* mit anderen Schätzmethoden vergleicht?
- Wo könnten die Vorteile von *Planning Poker* liegen?
- Wie könnt Ihr Schätzungen vermehrt in Euren Arbeitsalltag integrieren?

Quelle

Planning Poker wurde von James Grenning im Jahr 2002 entwickelt und später von Mike Cohn in dem Buch »Agile Estimating and Planning« publiziert. Über weitere Hintergründe zum Tools könnt Ihr Euch in der App informieren.

3.6 Magic Estimation

!

Tags

Verbesserung, Gruppenübung, Erkenntnisgewinn, Reflexion

Lernziel

Mit *Magic Estimation* gelingt es Euch, zahlreiche Ideen oder Aufgaben in sehr kurzer Zeit einzuschätzen.

Material

Für das Tool benötigt Ihr ein Set *Planning-Poker*-Karten (siehe Kapitel 3.5). Alternativ könnt Ihr die Zahlen auch auf Post-its notieren.

Gruppengröße

Magic Estimation lässt sich idealerweise mit sechs bis zwölf Teilnehmern spielen.

Dauer

Wenn Ihr das Tool das erste Mal nutzt, werdet Ihr wahrscheinlich etwas länger brauchen – gegebenenfalls auch dann, wenn Ihr als Team noch nicht so vertraut miteinander seid. Plant je nach Gruppengröße und Themenanzahl zwischen zehn und 40 Minuten ein.

Vorbereitung

Mit *Magic Estimation* schätzt Ihr, ähnlich wie beim *Planning Poker*, den Aufwand Eurer Aufgaben. Allerdings ist die Herangehensweise etwas anders. Ihr verteilt zunächst die *Planning-Poker*-Karten aufsteigend mit genügend Abstand auf dem Boden oder einem Tisch (vgl. zur Systematik siehe *Planning-Poker*-Spielanleitung). Notiert die Ideen bzw. Aufgaben auf Karten. Nutzt dazu wenige Worte. Jeder Teilnehmer bekommt eine gleich große Anzahl an Ideen oder Aufgaben, die einzuschätzen sind.

Durchführung

Achtet bei der Durchführung vor allem darauf, dass sich alle an der Schätzung beteiligen und jeder sein individuelles Wissen bzw. seine Perspektive einbringt. Fokussiert Euch in der Diskussion auf die Ideen oder Aufgaben, bei denen Uneinigkeit über die Schätzung besteht.

Zu Beginn schätzt jeder seine Ideen oder Aufgaben ein, in dem er diese jeweils einer Zahl der *Planning-Poker*-Karten zuordnet. Wurden alle Karten einer Zahl zugeordnet, schaut sich jeder von Euch die Schätzungen der anderen

Teilnehmer an und entscheidet, ob diese der persönlichen Einschätzung entsprechen. Ist dies nicht der Fall, können die Karten verschoben werden. Wird eine Karte oft hin und her geschoben, ist das ein Indiz dafür, dass Uneinigkeit besteht. Diskutiert und klärt offene Fragen. Im Anschluss wird die Idee oder Aufgabe einer Zahl zugeordnet, mit der möglichst alle einverstanden sind.

Moderations- und Reflexionsfragen

- Lagen Eure Schätzungen nah beieinander oder weit auseinander? Welche Gründe könnte es haben, dass Schätzungen teilweise weit auseinanderlagen?
- Inwiefern habt Ihr schneller eine Lösung gefunden?
- Welche Unterschiede stellt Ihr fest, wenn Ihr *Magic Estimation* mit anderen Schätzmethoden vergleicht?
- Worin könnten die Vorteile von *Magic Estimation* liegen?
- Wie könnt Ihr die Methode stärker in Euren Arbeitsalltag integrieren?

Quelle

Der Erfinder von *Magic Estimation* ist Boris Gloger.

3.7 Marshmallow Challenge

!

Tags

Spaßfaktor, Großgruppe, Aha-Effekt, Wissensvermittlung, mit Moderator

Lernziel

Die *Marshmallow Challenge* hilft Euch dabei, die Möglichkeiten von Experimenten, iterativen Prozessen, frühem Feedback und ständiger Verbesserung zu erkennen und zu verstehen. Im Team lernt Ihr Euch selbst so zu organisieren und eine passende Teamzusammenstellung mit entsprechenden Fähigkeiten zu finden, so dass Ihr das bestmögliche Ergebnis erzielen könnt.

Material

- Stoppuhr (für alle sichtbar platzieren)
- Zollstock
- evtl. ein kleiner Preis für das Siegerteam

Zusätzliches Material pro Team:

- Tisch
- 20 Spaghetti (ungekocht ☺)
- eine Rolle Bindfaden oder ca. ein Meter Paketband
- eine Rolle Tesafilm oder ca. ein Meter Kreppband
- eine Schere
- ein Marshmallow normaler Größe

Gruppengröße

Die *Marshmallow Challenge* findet in mehreren Teams statt, die dann gegeneinander spielen. Ihr solltet darauf achten, dass Ihr Teams von drei bis sechs Teilnehmern bildet. Wie viele Team dann insgesamt spielen, könnt ihr flexibel je nach Teilnehmerzahl entscheiden.

Dauer

Plant inklusive Vorbereitung und Reflexionsphase ca. 30 bis 45 Minuten ein.

Vorbereitung

Bevor Ihr mit der *Marshmallow Challenge* startet, solltet Ihr bereits vorher die Materialpäckchen vorbereitet und bereitgestellt haben. In Vorbereitung auf das Spiel bildet Ihr nun mehrere Teams und verteilt die Päckchen auf diese.

Durchführung

Die Teamaufgabe bei der *Marshmallow Challenge* besteht darin, innerhalb von 18 Minuten den höchsten freistehenden Turm mit dem zur Verfügung gestellten Material zu bauen, auf dessen Spitze der Marshmallow getragen werden soll. Der Moderator von Euch stoppt währenddessen die Zeit und misst am Ende die erreichte Höhe der Türme. Das Siegerteam kann ausgezeichnet werden und erhält einen Preis.

Schaut Euch in der App Eindrücke von der *Marshmallow Challenge* in der Praxis an.

Die *Marshmallow Challenge* in der Praxis – Fotos, Beschreibung und Anregungen

Moderations- und Reflexionsfragen

- Seid Ihr zufrieden mit Eurem Turm?
- Wie seid Ihr mit Misserfolg umgegangen?
- Wie seid Ihr dann doch noch erfolgreich geworden?
- Wie hat die Zusammenarbeit im Team funktioniert?
- Inwieweit erkennt Ihr den Nutzen von iterativen Prozessen, der Arbeit mit Prototypen und frühem Feedback?

Quelle

Das Spiel stammt von Tom Wujec und wurde auf einem TED Talk 2010 mit ca. 800 Menschen gespielt.

3.8 Name Game

! **Tags**

mit Moderator, Aha-Effekt, Gruppenübung, Erkenntnisgewinn

Lernziel

Das *Name-Game*-Tool hilft Euch, den Zeitverlust von Multitasking zu erkennen. Es macht deutlich, dass Übergangsphasen Zeit fressen (Rüstzeiten). Mithilfe des Spiels entdeckt Ihr, welche Leistungssteigerungen Ihr erreichen könnt, wenn Ihr Eure Themen fokussiert und nacheinander abarbeitet.

Material

- Stoppuhr für den Moderator
- Stifte
- Metaplankarten oder Zettel für jeden von Euch
- zwei Blatt Papier
- Flipchart
- Für die Spielvariante, in der der Dienstleister die Worte auf Karten der Kunden schreibt, braucht man für jeden Kunden noch zwei Metaplankarten.

Gruppengröße

Das *Name Game* solltet Ihr mit fünf bis zwölf Teilnehmern spielen, so dass Ihr einen Spielleiter und eine entsprechende Anzahl an Mitspielern habt. Bei Großgruppen könnt Ihr mehrere Spiele parallel spielen.

Dauer

Durchführung und Reflexion des Spiels benötigen in der Regel ca. 20 bis 40 Minuten.

Vorbereitung

Stellt sicher, dass jeder ein Blatt Papier bzw. eine Metaplankarte und einen Stift vor sich hat. Ein Spieler von Euch simuliert den Dienstleister, alle anderen Mitspieler sind die Auftraggeber.

Durchführung

Nun teilt Ihr die Gruppe in Kunden und einen Dienstleister auf. Die Aufgabe der Kunden ist es, zwei Wörter mit acht bis zwölf Buchstaben aufzuschreiben. Der Dienstleister erhält einen Zettel, auf dem er später die »Kundenanfragen« notieren kann. Ihr als Moderator stellt nun folgende Fragen an die Gruppe:

- Wie lange dauert es, um ein Wort zu schreiben?
- Wie lange dauert es, um alle Worte für alle Kunden zu schreiben (notiert die Schätzungen auf dem Flipchart)?
- Welche Erfolgsfaktoren beeinflussen den Zeitfaktor?
  Üblicherweise werden hier Dinge genannt wie Länge des Wortes, Qualität, Schreibkenntnisse, Handwerkszeug usw.

Erste Runde
Der Moderator von Euch erläutert die Glaubenssätze der Organisation:

- »Kein Kunde darf warten müssen.«
- »Wer früh anfängt, ist früh fertig.«

Deshalb ist der Dienstleister verpflichtet, immer nur einen Buchstaben eines Kunden zu notieren und dann reihum zum nächsten Kunden zu wechseln.

Zu Beginn stehen alle Kunden. Nach dem Start der Stoppuhr sagen die Kunden reihum dem Dienstleister die Buchstaben an. Ist das Wort eines Kunden fertig, setzt er sich hin und der Moderator notiert die Zwischenzeit. Das macht Ihr auch bei jedem weiteren Wort.

Erster Zwischenstand
Der Moderator notiert nach der Runde die Werte neben die ursprüngliche Schätzung. Häufig wird hier deutlich, dass es im Multitasking deutlich länger gebraucht hat, ein Wort festzuhalten, als erwartet. Nun könnt Ihr die Teilnehmer fragen, welcher der genannten Erfolgsfaktoren wohl dafür verantwortlich ist. Haben vielleicht alle zu lange Wörter gewählt oder ist das Handwerkszeug schlecht?

Nach kurzer Diskussion identifiziert das Team häufig von selbst Multitasking als Ursache für die Verzögerungen.

Zweite Runde
Die Unternehmensphilosophie wird geändert. Nun wird in der nächsten Runde der Kunde immer abschließend bedient. Ihr weist darauf hin, dass jetzt aus dem Push- ein Pull-System wird. Die Kunden stehen wieder auf und spielen mit dem zweiten Wort das Spiel erneut, aber jetzt kommt der nächste Kunde immer erst dann dran, wenn der vorherige fertig ist. Sobald die Kunden bedient wurden, kann er sich wieder hinsetzen.

Der Moderator stoppt wieder den ersten und letzten Kunden und notiert die Ergebnisse am Flipchart. Normalerweise sollte der erste Kunde jetzt erheblich früher sein Ergebnis bekommen haben und selbst der letzte Kunde etwas früher als in der ersten Runde. Dies ist tatsächlich erstaunlich, da der letzte Kunde ja am Längsten untätig warten musste und trotzdem schneller bedient werden konnte als in der ersten Phase.

Moderations- und Reflexionsfragen

- Wie habt Ihr Euch als Dienstleister in der ersten und zweiten Runde gefühlt?
- Wie habt Ihre Euch als Kunde in der ersten und zweiten Runde gefühlt?
- Was haltet Ihr von der Aussage »Wer früher anfängt, ist früher fertig«?
- Welche Auswirkungen gibt es auf die Qualität?
- Welche Vorteile seht Ihr in einer fokussierten Arbeitsweise?
- Welche Nachteile birgt Multitasking?
- Was heißt das für Euren Arbeitsalltag?

Quelle

Das *Name Game* in dieser Form ist angelehnt an das gleichnamige Spiel von Hendrik Kniberg. Die Originalbeschreibung findet Ihr hier.

smARt HAUFE.

Das *Name Game* – die Originalbeschreibung

3.9 Taschenrechner

Tags
Spaßfaktor, Gruppenübung, Erkenntnisgewinn, Verbesserung, mit Moderator, Bewegung

Lernziel

Mit dem *Taschenrechner* erlernt Ihr auf interaktive und spielerische Art und Weise sowohl den Ablauf als auch die Vorteile agiler Prozessstrukturen. Angelehnt an den Scrum-Prozess arbeitet Ihr in einem spielerischen Setting als Team gemeinsam an der erfolgreichen Bewältigung einer Aufgabe und der stetigen Verbesserung der eigenen Leistung.

Material

- 40 Metaplankärtchen, durchnummeriert von 1 bis 40
- Klebeband
- Flipchart und passende Stifte

Gruppengröße

Der *Taschenrechner* ist eine Gruppenübung. Zwar lässt sie sich theoretisch bereits mit zwei oder drei Spielern durchführen, bessere Ergebnisse erreicht man allerdings in Gruppen von ca. fünf bis acht Personen. Die Maximalgröße für eine Gruppe beträgt etwa 25 Personen. Bei mehr Teilnehmern bietet es sich an, zwei Gruppen zu bilden und diese gegeneinander antreten zu lassen.

Dauer

Ihr solltet ca. 30 bis 45 Minuten für die *Taschenrechner*-Übung einplanen.

Vorbereitung

Für den *Taschenrechner* benötigt Ihr eine ausreichend große freie Spielfläche. Eurer Konferenzraum (befreit von Tischen) reicht in aller Regel aus. Mit einem Klebeband markiert Ihr vor Beginn des Spiels auf dem Boden ein rechteckiges Spielfeld. Die Größe des Feldes kann in Abhängigkeit von der Gruppengröße variieren, sollte aber generell schon in der Größenordnung von drei mal vier Meter liegen. Wichtig ist, dass alle Spieler auch außerhalb des Felds am Rand noch genügend Bewegungsfreiheit haben. Innerhalb des Felds werden nun auf dem Boden in beliebiger Anordnung 40 durchnummerierte Metaplankärtchen gleichmäßig verteilt. Am besten stellt Ihr ein Flipchart zum Festhalten der Ergebnisse bereit, alternativ reicht aber auch ein Notizblock.

Wie ist das Spiel aufgebaut? In der App Eures Smartphones könnt Ihr Euch ein beispielhaftes Spielfeld ansehen. Scannt dazu einfach die folgende Abbildung. Wenn Ihr den Aufbau des Spielfelds ausdrucken möchtet, könnt Ihr die E-Mail-Funktion der App nutzen. Dann wird Euch die Datei per E-Mail auf den Computer geschickt, von wo Ihr sie ausdrucken könnt.

Das Spielfeld des *Taschenrechners*

Durchführung

Zu Beginn klärt der Moderator von Euch das Team über Rahmenbedingungen und Regeln auf, die Ihr in abgekürzter Form auf ein Flipchart schreiben könnt:

- Die Aufgabe ist, die Zahlen von 1 bis 40 nacheinander in aufsteigender Reihenfolge im Spielfeld zu berühren.
- Die Bedingung ist dabei, dass sich stets nur eine Person im Spielfeld befindet und eine zweite das Feld erst betreten darf, wenn die erste Person wieder aus dem Feld herausgetreten ist.
- Außerdem *muss* jedes Teammitglied pro Durchgang mindestens eine Zahl berührt haben.

Das Spiel hat mehrere Durchgänge bzw. »Sprints«. Zu Beginn bekommt das Team eine Minute Vorbereitungszeit. Nach dieser Vorbereitungszeit gibt das Team eine Schätzung ab, wie viele Zahlen es glaubt, in zwei Minuten zu berühren (wenn ein Team bei 40 in den zwei Minuten ankommt, macht es wieder bei 1 weiter, sozusagen mit der 41, bis die zwei Minuten abgelaufen sind). Nach der Schätzung spielt das Team zwei Minuten. Nach der Durchführung notiert der Moderator das Ergebnis am Flipchart. Im Anschluss an den Durchgang bekommt das Team die Chance, eine Minute lang zu besprechen, was sie in der Zusammenarbeit in der nächsten Runde verändern will. Im Anschluss an diese Minute der Reflektion erfolgt jeweils eine erneute Schätzung für die zweite Runde. Der Spielleiter fungiert als »Timekeeper«, der die Zeiten stoppt, die Ergebnisse dokumentiert und auf die Einhaltung der Regeln achtet.

Moderations- und Reflexionsfragen

- Was waren die Erfolgsfaktoren in der Zusammenarbeit?
- Wie habt Ihr Entscheidungen getroffen?
- Wie sah die Führung aus?
- Welche Veränderungen habt Ihr in den einzelnen Sprints erlebt?
- Passten Schätzungen und Ergebnisse zusammen?
- Warum habt Ihr Euch verschätzt? Wie kam es dann dazu, dass Ihr in der nächsten Runde besser geschätzt habt?
- Wie habt Ihr es geschafft, dass Ihr Euch kontinuierlich verbessert habt?
- Welche Vorteile seht Ihr in iterativen Vorgehensweisen?
- Wo seht Ihr Parallelen und Unterschiede zu Eurer täglichen Arbeitsweise?

Quelle

Das *Taschenrechner*-Spiel wurde von HR Pioneers entwickelt, um agile Prozesse erlebbar zu machen.

3.10 Scaled Agile Zoo

Tags

Komplexität, Gruppenübung, Zusammenarbeit, mit Moderator, Innovation

Lernziel

Das Ziel von *Scaled Agile Zoo* ist es, die Herausforderungen einer skalierten agilen Organisation kennenzulernen. Zudem werden die Schwierigkeiten der Zusammenarbeit von mehreren Teams demonstriert. Dabei wird die Synchronisation zwischen den Teams erlernt sowie neue Rituale für die Zusammenarbeit entwickelt und ausprobiert.

Material

- mindestens 30 bis 40 Blatt Papier in fünf oder mehr Farben
- genügend qualitativ hochwertige Filzstifte für jeden von Euch (Sharpies eignen sich gut)
- ein (Klarsicht-)Hefter
- ein Locher, um das Papier passend zu lochen
- Definition of Done (DoD) und Non-Functional Requirements (NFR) als Karten oder auf einem Flipchart vorbereitet
- ein Product Backlog in Form von Anforderungskarten
- Tische für Eure Teams
- Eine Stellwand mit Brownpaper, auf der das Product Backlog angehängt werden kann (dazu Pins oder Klebeband verwenden). Auf der Stellwand könnt Ihr dann Euer Taskboard einrichten.
- Gegebenenfalls Post-its, falls Ihr Euch entschließt, die Aufträge in Tasks zu zerlegen und das Taskboard zu benutzen.

Definition of Done (DoD): Einigung darüber, was erfüllt sein muss, damit das Feature (der Zoo-Führer) als fertig angesehen wird.
Non-Functional Requirements (NFR): Definition von Systemattributen für die Gestaltung des Systems. Sie beschreiben, wie das System funktioniert.

Wenn Ihr die folgende Abbildung scannt, findet Ihr hilfreiche Vorlagen, Arbeitshilfen und Fotos zum Tool:

- Vorlagen für die Definition of Done (DOD), die Non-Funktional Requirements (NFR) und den Animal Backlog
- Spielmaterial
- Bilder von der Agile HR Conference 2017
- Originalbeschreibung des Tools *Nexus Zoo*

Die Vorlagen und das Spielmaterial findet Ihr hier. Ihr könnt sie Euch per E-Mail schicken lassen, um die Unterlagen am Computer auszudrucken.

Scaled Agile Zoo in der Praxis – Vorlagen, Arbeitshilfen und Fotos zum Tool

Gruppengröße
Für das Spiel *Scaled Agile Zoo* benötigt Ihr mindestens drei Teams mit einer Gruppengröße zwischen zwei und neun Personen.

Dauer
Plant für Durchführung und Reflexion 30 bis 45 Minuten ein.

Vorbereitung
Bevor Ihr mit dem eigentlichen Spiel startet, bereitet Ihr die Product-Backlog-Karten, die DoD sowie die NFR vor und hängt sie an Eure Pinnwand auf. Anschließend teilt der Moderator die Spieler in drei Gruppen auf oder lässt sie sich selber einteilen.

Durchführung
Die Aufgabe der Teams ist es nun, für einen Zoo einen neuen Zoo-Führer zu entwickeln. Zunächst erläutert der Moderator den Teams dafür das Product Backlog, die DoD und die NFR. Jeder Eintrag im Product Backlog repräsentiert eine Zeit im zu erstellenden Zoo-Führer. Im Planning erhält die Gruppe nun vier Minuten Zeit, um sich zu synchronisieren und den Sprint zu planen.

Dabei muss jedes Team mindestens ein Product-Backlog-Item bearbeiten. Im Sprint haben die Teams nun zehn Minuten Zeit, um das Produkt-Inkrement, den Zoo-Führer 1.0, zu liefern. Die Teams müssen darauf achten, dass sie die DoD und die NFR erfüllen. Nach abgelaufener Zeit wechselt Ihr zum Review des Produkt-Inkrements.

Die Bilder von der Agile HR Conference, die Ihr in der App abrufen könnt, zeigen, wie die Teilnehmer den Zoo-Führer entwickeln.

Moderations- und Reflexionsfragen

- Wie habt Ihr Eure Rollen verteilt?
- Wie habt ihr Entscheidungen getroffen und kommuniziert?
- Wie sieht Euer Logo, das Copyright und die Farben aus?

Quelle

Das Spiel wurde von Mark Noneman und Don McGreal für eine Präsentation des Nexus Frameworks für skaliertes Scrum auf Scrum.org entworfen. Eine Originalbeschreibung zu *Nexus Zoo* findet Ihr in der App.

3.11 Schiffchenspiel

Tags

Gruppenübung, Zusammenarbeit, Erkenntnisgewinn, mit Moderator, Wissensvermittlung

Lernziel

Das *Schiffchenspiel* unterstützt Euch dabei, die Unterschiede zwischen Push- und Pull-Systemen sichtbar und fühlbar zu machen.

Material

- ein großer Tisch
- ein großer Stapel weiße DIN-A4-Zettel (es kann auch Schmierpapier sein)
- einige gelbe DIN-A4-Zettel
- zwei Stoppuhren
- Flipchart und passende Stifte

Gruppengröße

Für das *Schiffchenspiel* benötigt Ihr mindestens drei Spielteilnehmer, um die Unterschiede von Push- und Pull-Systemen zu verdeutlichen. Allerdings ist erfahrungsgemäß die Anzahl von mindestens fünf Teilnehmern von Vorteil, um die Effekte besser erkennen zu können.

Dauer

Ihr benötigt für diese Übung etwa 20 bis 25 Minuten inklusive Reflexionsphase.

Vorbereitung

In der Vorbereitung legt Ihr unterschiedliche Verarbeitungsschritte pro Teilnehmer fest, um die Schiffchen zu erstellen. In diesem Beispiel gehen wir davon aus, dass Eure Gruppe aus fünf Teilnehmern besteht. So könnten sich folgende Schritte ergeben:

- **Teilnehmer 1:** Ein weißes Papier in der Mitte knicken und falzen
- **Teilnehmer 2:** Die Ecken des Papiers umknicken (so, als wolltet Ihr einen Flieger bauen)
- **Teilnehmer 3:** Unterkanten auf beiden Seiten des Papiers nach oben klappen und die überstehenden Ecken zu einer Seite runter klappen (so, als wolltet Ihr einen Hut basteln)

- **Teilnehmer 4:** Ein Quadrat aus dem Hut formen, anschließend die Unterkanten hochklappen und zu einem Schiff auseinanderziehen
- **Teilnehmer 5:** Die Ankunftszeit der Boote notieren und die Boote durchnummerieren

Schaut Euch in dem Video an, wie die Schiffchen gefaltet werden.

Wie funktioniert das *Schiffchenspiel?* – eine visuelle Erklärung des Tools

Durchführung

Weist die Teilnehmer darauf hin, dass die Schiffchen immer der Reihenfolge nach bearbeitet werden müssen. Das heißt, das erste zuerst, das zweite als Nächstes und immer so weiter. Es darf also keine Überholer geben. Ihr spielt das *Schiffchenspiel* nun in zwei Runden gemeinsam durch. Zunächst spielt Ihr die **Push-Variante**, in der Ihr jeweils einen beliebig großen Puffer vor bzw. hinter Eurem Verarbeitungsschritt einbaut. Wenn der Puffer für Eure Verarbeitung nicht ausreicht, habt Ihr mitunter mehrere unfertige Schiffchen, die darauf warten, vom Nächsten weiter bearbeitet zu werden. Nach ca. 2:30 Minuten wird ein gelber Zettel in den Prozess hineingegeben und das Spiel endet dann, wenn der gelbe Zettel zu einem fertigen Schiffchen verarbeitet wurde. Achtet als Moderator darauf, dass Ihr den gelben Zettel erst dann in die Reihe zur Verarbeitung gebt, wenn auch bereits etwas »Stau« entstanden ist. Am Ende der ersten Phase hat nun der fünfte Teilnehmer alle Ankunftszeiten schriftlich festgehalten – am besten auf einem Flipchart.

In der zweiten Runde, die nach dem **Pull-Prinzip** funktioniert, ändert sich der Puffer der Teilnehmer. Sie dürfen jetzt nur maximal ein Blatt Papier bearbeiten. Die anderen Teilnehmer müssen so lange warten, bis ihr Vorgänger mit seinem Arbeitsschritt fertig ist. Gleichermaßen darf erst mit dem nächsten Papier begonnen werden, wenn der nächste Spieler den Zettel übernommen hat. Das gelbe Papier wird zur gleichen Zeit ins Spiel gebracht wie bei der ersten Runde (ca. 2:30). Am Ende könnt Ihr die Ankunftszeiten, insbesondere die des gelben Zettels, in den jeweiligen Runden miteinander vergleichen. Schaut Euch aber auch gemeinsam an, wie viele unfertige Erzeugnisse sich jeweils in den verschiedenen Runden im System befinden.

In der App findet Ihr zwei weitere Spielvarianten, um das Push-Pull-Prinzip deutlich zu machen: das *Agile Penny Game und d*as *Lean Cups Game*.

Moderations- und Reflexionsfragen

- Wie hat sich das Arbeiten in der Push-Variante und in der Pull-Variante angefühlt?
- Welche Variante seht Ihr als sinnvoller an und warum?
- Wie könnt Ihr die Puffer-Zeiten weiter verkürzen?

3.12 Storypointopoly

!

Tags

kontinuierliche Verbesserung, Gruppenübung, Reflexion

Lernziel

Storypointopoly hilft Euch dabei, gemeinsam Storys zu definieren, zu visualisieren und im Team abzuarbeiten. Nutzt Ihr dieses Tool für Eure Storys, steigert Ihr die Motivation und die Geschwindigkeit in Eurem Team.

Material

Verwendet wird ein magnetisches Spielbrett, das ähnlich aufgebaut ist wie Monopoly. Eine Möglichkeit ist es, das Spiel auf Papier zu drucken und an ein magnetisches Whiteboard zu hängen. Ein Beispiel für ein Spielbrett findet Ihr hier.

smARt HAUFE.

Storypointopoly – Beispiel und Beschreibung

Gruppengröße

Es bleibt Euch selbst überlassen, wie viele Teilnehmer mitspielen. Achtet nur darauf, dass die Teams gemeinsame Storys und Aufgaben haben, die sie innerhalb des Spiels bearbeiten können.

Dauer
Das Spiel begleitet Euer Team für einen Sprint bzw. eine Iteration.

Vorbereitung
Im Vorfeld sorgt Ihr dafür, dass jedes Teammitglied eine Figur (hier können Magnete verwendet werden) und Punkte (ähnlich der Häuser bei Monopoly) zur Hand hat.

Durchführung
Beginnt mit *Storypointopoly* und macht Euch klar, dass Ihr während des Spiels möglichst viele Punkte auf freie Grundstücke platzieren sollt. Punkte (also Häuser) bekommt Ihr dann, wenn Ihr als Erstes ein freies Feld betretet. Sonstige andere Felder (»Ziehe eine Karte«, »Einkommensteuer« usw.) können nicht gekauft werden, bringen also auch keine Punkte. Mit Eurer Figur dürft Ihr immer dann weiterziehen, wenn eine Story aus dem Sprint abgearbeitet wurde. Achtet darauf, dass Punkte von Storys, die gemeinsam bearbeitet wurden, durch die Anzahl der Entwickler geteilt werden. So entstehen häufig kleinere Schritte auf dem Spielbrett. In der Durchführung wird Euch klarwerden, dass es strategisch zwar Vorteile bringt, so viele Punkte wie möglich abzuarbeiten, aber ein gemeinsames Lösen von Storys häufig dem besseren Vorankommen im Spielverlauf dient, da Ihr so öfter auf unterschiedliche Felder gelangt. Gewonnen hat am Ende derjenige, der die meisten Punkte auf dem Spielbrett platzieren konnte.

Moderations- und Reflexionsfragen
- Wo seht Ihr Vorteile im gemeinsamen Abarbeiten von Storys in Eurem Team?
- Wie könnt Ihr in Zukunft als Team noch enger zusammenarbeiten?
- Wie ist der Gewinner im Spielverlauf konkret vorgegangen?
- Welche Verbesserungen könnt Ihr identifizieren, die Ihr im nächsten Sprint einsetzen könnt?

Quelle
Das Spiel wurde von Agile Rescue entwickelt und eingesetzt.

3.13 Warped Juggle

Tags

Gruppenübung, Verbesserung, Kommunikation, Bewegung, Erkenntnisgewinn

Lernziel

Mit dem Tool *Warped Juggle* erlebt Ihr, wie es ist, Teil eines selbstorganisierten Teams zu sein. Ihr erkennt und versteht den Wert einer iterativen Vorgehensweise und lernt zu erkennen, was es von außen braucht, um ein erfolgreiches Teamergebnis zu liefern.

Material

- drei Bälle (möglichst aus Schaumstoff und in unterschiedlichen Farben; nicht größer als ein Tennisball)
- Flipchart und passende Stifte

Gruppengröße

Warped Juggle könnt Ihr mit einer Teilnehmerzahl von 6 bis 20 Personen spielen. Um aber den Wert von selbstorganisierten Team am besten herausarbeiten zu können, ist eine Anzahl von 8 bis 12 Teilnehmern am sinnvollsten.

Dauer

Plant ca. 20 bis 30 Minuten ein.

Vorbereitung

Um *Warped Juggle* spielen zu können, benötigt Ihr vor allem ausreichend Platz. Stellt also alle Möbelstücke beiseite, so dass Ihr Euch möglichst frei im Raum bewegen könnt.

Durchführung

Zu Beginn des Spiels stellen sich die Teilnehmer in einem Kreis auf. Der Moderator von Euch startet das Spiel, indem er einen Ball einem beliebigen Spieler zuwirft. Derjenige wird so zum »Starter« des Spiels und wirft den Ball an einen anderen in der Runde weiter. Dieser Vorgang wiederholt sich solange, bis jeder den Ball einmal in seinen Händen hielt. Der letzte Fänger wirft den Ball zum Start zurück. Damit ist ein Prozess für das Spiel definiert. Nun kommen noch die anderen beiden Bälle ins Spiel. Ziel ist es, alle drei Bälle so schnell wie möglich durch den Prozess zu befördern und dabei die Reihenfolge der Bälle beizubehalten. Wenn die Gruppe die Systematik verstanden hat, spielt sie das Spiel in mehreren Iterationen durch. Dabei stoppt und notiert Ihr die Zeit auf dem Flipchart. Wichtig ist, dass der Moderator nicht direkt ins Geschehen eingreift, sondern das Team gegebenenfalls durch Aussagen wie: »Ich glaube, dass Ihr die Zeit der letzten Runde unterbieten könnt!« oder »Ich glaube, dass Ihr das auch in unter zehn Sekunden schafft!« motiviert. Ihr lasst möglichst viel Spielraum, so dass insbesondere zum Ende hin die zwei Regeln gezielt hinterfragt werden: »Müssen die Bälle geworfen werden?« Die Antwort ist: »Die Bälle müssen in der zu Beginn festgelegten Reihenfolge berührt werden. Werfen ist nicht zwingend notwendig.« Wichtiger als die starre Einhaltung der Regeln ist, dass sich das Team auf das Ziel fokussiert und explorativ herausfindet, wie groß der durch die Regeln gesteckte Rahmen denn tatsächlich ist.

Spielt drei bis vier Runden durch. Der Moderator beschränkt sich darauf, den Rahmen vorzugeben, indem er bei Regelfragen hilft und weiter als Motivator auftritt: »Ich glaube, das schafft Ihr in der Hälfte der Zeit!« oder »Eine andere Gruppe hat das kürzlich in weniger als zwei Sekunden geschafft. Das schafft Ihr auch!«

Moderations- und Reflexionsfragen

- Hattet Ihr genug Informationen, um die Aufgabe lösen zu können? Wie seid Ihr an fehlende Informationen gekommen?
- Was sind die wesentlichen Erkenntnisse hinsichtlich der Selbstorganisation eines Teams? Welche Faktoren von außerhalb des Teams müssen mindestens dazukommen?
- Welchen Wert hatte eine iterative Vorgehensweise?
- Welche Rolle hatte der Spielleiter? (»Servant Leader« oder »laterale Führungsrolle«)

Quelle

Weitere Informationen zu *Warped Juggle* bietet das Buch *The Climate Change Playbook* von D. Meadows, L. Sweeney und G. Mehers (2016).

A
B
C
D
WARPED
JUGGLE

3.14 Weitere Tools in der Dimension Prozess

Die folgende Tabelle zeigt Euch, welche weiteren Tools und Spiele aus diesem Buch auch auf die **Dimension Prozess** einzahlen.

Tool	Kapitel
Storyboarding	1.6
Triple Nickles	1.9
Start Doing – Keep Doing – Stop Doing	4.3
Taskboard	4.5
Punktabstimmung	4.9
Retrospektive	5.2
Plus/Delta	5.6
Return on Time Invested	5.8
Team-Skill-Matrix	5.9
Retro Timeline	6.7
Systematisches Konsensieren	6.8

4 Führung: Führung neu denken

4.1 Boss-Worker-Game

Tags
Gruppenübung, Reflexion, Aha-Effekt, Vertrauen, mit Moderator

!

Lernziel
Ihr erkennt und versteht die wesentlichen Unterschiede zwischen Führung durch Kontrolle und Führung, die durch Vertrauen geprägt ist.

Material

- Flipchart und passende Stifte
- ggf. Klebeband

Gruppengröße
Erfahrungsgemäß benötigt Ihr mindestens acht, aber nicht mehr als 20 Teilnehmer, um den Effekt des *Boss-Worker-Games* darstellen zu können.

Dauer
15 bis 30 Minuten je nach Gruppengröße und Reflexionsphase.

Vorbereitung
Bevor Ihr mit dem *Boss-Worker-Game* startet, grenzt Ihr eine Fläche ab, auf der Ihr Euch frei bewegen könnt. Dazu könnt Ihr Tische oder Klebeband benutzen. Je nach Anzahl der Teilnehmer variiert Ihr mit der verfügbaren Fläche.

Durchführung
Ihr beginnt das Spiel, indem Ihr Eure Teilnehmer eigenständig Paare bilden lasst. Ein Paar besteht aus einem »Boss« und einem »Worker«. Aufgabe des Workers ist es, in 60 Sekunden so viele Schritte zu gehen wie möglich. Ihr gebt dabei die Zeit vor. In der ersten Runde wird der Worker von seinem Boss geführt. Der Worker bewegt sich innerhalb der begrenzten Fläche und folgt strikt den Anweisungen seines Bosses. Der Boss gibt Anweisungen durch die Begriffe »Start«, »Stopp«, »rechts«, »links«, »vor« und »zurück«. Es gilt, Kollisionen mit anderen Teilnehmern zu vermeiden.

In der zweiten Runde, die Ihr direkt im Anschluss spielt, ist es wieder die Aufgabe des Workers, in 60 Sekunden so viele Schritte wie möglich zu gehen. Diesmal allerdings trifft er seine eigenen Entscheidungen.

Moderations- und Reflexionsfragen

- Wie habt Ihr Euch als Worker gefühlt? Welche wesentlichen Unterschiede habt Ihr in den zwei Runden wahrgenommen?
- Was hätte sich für Euch als Boss geändert, wenn Ihr in der ersten Runde ein Team von sieben bis zehn Workern führen müsstet?
- Für wen bedeutet Selbstverantwortung und Selbstorganisation eine Veränderung?
- Welche wichtigen Aufgaben könnte eine Führungskraft jenseits von Weisung und Kontrolle übernehmen?

Quelle

Das *Boss-Worker-Game* basiert auf der Annahme, dass Vertrauen Produktivität schafft. Hier lest Ihr mehr dazu.

smARt HAUFE.

Das *Boss-Worker-Game* – Vertrauen schafft Produktivität

4.2 Agile Challenge

Tags

Einzelübung, Reflexion, Erkenntnisgewinn, Verbesserung, Kauf, Innovation

!

Lernziel

Die *Agile Challenge* begleitet Euch in Eurem Führungsalltag und hält Herausforderungen für Eure Weiterentwicklung und die Eures Teams bereit. Sie unterstützt die Weiterentwicklung Eurer Führungskompetenzen und Eures Führungsverständnisses und hilft, Euer Team zu mehr Selbstverantwortung sowie einer kollaborativen und vertrauensvollen Zusammenarbeit zu begleiten. Es handelt sich um Führungsanforderungen, die ganz pragmatisch im Joballtag zu meistern sind.

Material

- 24 bzw. 52 *Agile-Challenge*-Karten (je nach Auflage)

Gruppengröße

Die *Agile Challenge* ist für eine Person mit Führungsverantwortung konzipiert. Mitunter sind mehrere Kollegen bzw. das Team involviert, um die Aufgabe lösen zu können.

Dauer

Der Zeitaufwand für das Spiel ist abhängig von der Aufgabe: von fünf Minuten bis hin zu einem längeren Prozess. Insgesamt ist die *Agile Challenge* auf einen Jahresrhythmus angelegt.

Vorbereitung

Die 52 *Agile-Challenge*-Karten sind so konzipiert, dass Ihr wöchentlich eine neue Karte ziehen könnt. Wenn Ihr die Erstauflage der 24 *Agile-Challenge*-Karten habt, dann könnt Ihr sie parallel zur zweiwöchigen Sprintlogik einsetzen.

Durchführung

Pro Sprint könnt Ihr nun je eine Karte der *Agile Challenge* ziehen und bearbeiten. Die Herausforderungen knüpfen an sechs zentrale Haltungen einer agilen Führungskraft an. Diese sechs Haltungen sind in Kurzform wie folgt definiert:

1. **Pioniergeist** (... hinterfragt Bestehendes, entwickelt Innovationen und geht neue Wege)
2. **Vertrauen** (... ist die subjektive Überzeugung von der Glaubwürdigkeit und Zuverlässigkeit einer Person)
3. **Selbstverantwortung** (... übernimmt eigenständig Aufgaben, trifft selbstständige Entscheidungen und steht dafür gerade)
4. **Kollaboration** (... verbessert die Zusammenarbeit im Team, vernetzt Menschen und fördert selbstorganisiertes Arbeiten)
5. **Lernfähigkeit** (... entwickelt sich und das Team ständig weiter, entfaltet dabei eigene Stärken und lernt aus Fehlern)
6. **Ergebnisorientierung/Fokus** (... verfolgt die Ziele mit Beharrlichkeit und Fokus und führt das Team und sich selbst zu exzellenten Lösungen)

Eine Herausforderung der Haltung »Vertrauen« könnte beispielhaft wie folgt lauten: »Streiche eine Kontrollregel, z. B. Weiterbildungsfreigabe, Urlaubsanträge, CC-Mails.«

Moderations- und Reflexionsfragen

- Inwieweit konntet Ihr die Herausforderung meistern? Was fiel schwer?
- Was hat sich für Euch zum Positiven verändert?
- Was gab es für Gründe, falls Ihr die Challenge nicht meistern konntet?
- Was könntet Ihr beim nächsten Mal anders machen?
- Was habt Ihr bei der Lösung der Aufgaben mitgenommen? Was konntet Ihr lernen?

Quelle

Die *Agile Challenge* wurde von HR Pioneers in Zusammenarbeit mit dem Agile Center der Otto Group entwickelt. Weitere Informationen und die Bestellmöglichkeit gibt es hier.

Agile Challenge – Agile Tools und Methoden

4.3 Start Doing – Keep Doing – Stop Doing

!

Tags

Gruppenübung, Reflexion, Entscheidungsfindung

Lernziel

Das Tool *Start Doing – Keep Doing – Stop Doing* hilft Euch, eine handlungsorientierte Retrospektive durchzuführen. Ihr formuliert praktische und ganz konkrete Ideen für eine teambasierte Verbesserung. Ziel ist es, Euch kontinuierlich in den Sprints weiterzuentwickeln, indem Ihr konkrete Handlungs- und Verbesserungsvorschläge umsetzt.

Material

- Flipchart, Post-its (am besten in drei unterschiedlichen Farben) und entsprechende Stifte
- oder: Metplanwand, Metaplankarten (am besten in drei unterschiedlichen Farben), Pins und entsprechende Stifte

Gruppengröße

Das Tool könnt Ihr prinzipiell in jeder Retrospektive mit jeder Anzahl von Teilnehmern anwenden. Bedenkt nur, dass Ihr mehr Zeit einplant, je mehr Personen an der Retrospektive teilnehmen.

Dauer

30 bis 60 Minuten

Vorbereitung

Bevor Ihr mit der Retrospektive startet, pinnt Ihr drei verschiedenfarbige Post-its bzw. Metaplankarten mit den Überschriften *»Start Doing«*, *»Keep Doing« und »Stop Doing«* an die Wand. Sorgt nun dafür, dass von jeder Farbe genug Karten für alle Teilnehmer vorhanden sind, und legt sie zusammen mit den Stiften für alle aus.

Durchführung

Ihr beginnt mit einer Stillarbeit von ca. 10 bis 15 Minuten. In dieser Zeit hat jeder von Euch die Möglichkeit, auf entsprechenden Karten Ideen und Wünsche zu formulieren: Was sollten wir als Team beibehalten? Womit sollten wir als Team aufhören und womit sollten wir als Team anfangen? Nach Ablauf der Zeit hängt jeder von Euch seine Karten entsprechend der Kategorien an die Wand. Anschließend könnt Ihr ähnliche Aussagen an der Wand gruppieren bzw. markieren, um ein übersichtliches Bild zu gewinnen. Unklare oder unverständliche Aussagen könnt Ihr im Plenum klären.

Für die Diskussion könnt Ihr nun eine Priorisierungsmethode festlegen, wie z.B. das *Dot Voting*. Hier erhält jeder von Euch zwei bis fünf Stimmen in Form von Klebepunkten, die er nun seinen favorisierten Karten zuteilen kann. Die Themen mit den meisten Punkten werden nun für die Diskussion ausgewählt und weiterentwickelt. Für das *Dot Voting* solltet Ihr ca. zehn Minuten einplanen.

Nun diskutiert Ihr die Themen in priorisierter Reihenfolge und legt gemeinsam fest, wie Ihr in Zukunft weiter vorgehen wollt. Für diesen Teil könnt Ihr je nach Gruppengröße bzw. Diskussionspotenzial weitere 20 bis 40 Minuten einplanen.

Eine weitere Variante kann auch ein individuelles Feedback sein. Dabei bekommt Ihr gegenseitig voneinander ein Feedback mithilfe dieser drei Fragen:

- Womit sollte ich unbedingt anfangen?
- Was sollte ich beibehalten?
- Womit sollte ich aufhören?

Bei der individuellen Variante sollte es einen Moderator geben, der im Vorfeld noch einmal auf die wichtigsten Feedback-Prinzipien verweist.

Scannt mit Eurer App das nachfolgende Bild und schaut Euch in einem Erklärvideo an, wie das Tool funktioniert.

Moderations- und Reflexionsfragen

- Inwiefern hilft Euch das Tool für den nächsten Sprint?
- Wie fühlt es sich an, Dinge festzulegen, die Ihr in Zukunft nicht mehr tun wollt?
- Wie setzt Ihr die Ergebnisse konkret in Eurem Arbeitsalltag um?
- Was habt Ihr über Eure Zusammenarbeit gelernt?

Wie funktioniert das Tool *Start Doing – Keep Doing – Stop Doing?* – ein Erklärvideo

4.4 Silent Priorisation

Tags
Konflikte, Zusammenarbeit, Entscheidungsfindung

Lernziel
Es fällt Euch schwer, Themen zu priorisieren, und Ihr geratet dabei immer wieder in große, unproduktive Diskussionen? Dann hilft Euch der Einsatz von *Silent Priorisation*. Dieses Tool hilft Euch, schnell und effektiv Themen auszuwählen und zu priorisieren, ohne von anderen Mitgliedern der Gruppe abgelenkt oder beeinflusst zu werden.

Material
- Metaplankarten, dazu einen Tisch oder eine Pinnwand
- oder: Post-its und ein Flipchart (wahlweise auch eine freie Wand)
- Stifte

Gruppengröße
Diese Methode macht vor allem in einer größeren Gruppe Sinn, da man sich in großen Gruppen erfahrungsgemäß häufiger in langen Diskussionen verliert als in kleinen Teams.

Dauer
Je nach Themenfülle und Gruppengröße 15 bis 20 Minuten.

Vorbereitung
Bevor Ihr beginnt, sollte Euch klar sein, welche Themen es sind, die Ihr auswählen und priorisieren wollt. Diese schreibt Ihr dann entweder auf Metaplankarten und legt sie auf einen Tisch aus oder Ihr heftet sie an die Pinnwand. Wahlweise könnt Ihr sie auch einfach auf Post-its schreiben und an das Flipchart oder an eine freie Wand heften. Jetzt könnt Ihr noch einen Zeitrahmen festlegen, wie lange Ihr priorisieren möchtet (das hängt meist auch von der Fülle der Themen und der Anzahl der Beteiligten ab).

Durchführung
Nun dürft Ihr in der vorgegebenen Zeit die Zettel priorisieren, indem Ihr wichtige Themen nach oben, unwichtigere nach unten verschiebt. Jeder andere darf Eure verschobenen Karten wieder anfassen und auf eine andere Stelle priorisieren. Dabei ist es wichtig, dass Ihr nicht miteinander sprecht. Nach Ablauf der Zeit schaut Ihr Euch Eure gemeinsam priorisierte Liste an und besprecht gegebenenfalls die Themen, die häufig verschoben wurden.

Moderations- und Reflexionsfragen

- Bei welchen Themen wart Ihr Euch einig, welche wurden besonders häufig verschoben? Woran könnte das liegen?
- Wie habt Ihr die Methode erlebt?

4.5 Taskboard

Tags !

interdisziplinäre Teams, Erkenntnisgewinn, Transparenz

Lernziel

Das *Taskboard* ist ein Tool, das Euch dabei hilft, Eure Arbeitsaufgaben als Team zu planen und zu visualisieren. Ziel ist es, die Einträge aus dem Backlog, die dazugehörigen Aufgaben und ihren Bearbeitungsstatus transparent für alle aufzuzeigen. Außerdem arbeitet Ihr mit dem Tool kollektiv an der Erledigung von Aufgaben.

Material

- eine Metaplanwand, Metaplankarten und entsprechende Stifte
- oder: ein Whiteboard, Post-its und entsprechende Stifte
- Alternativ könnt Ihr Euer Taskboard auch virtuell (z. B. mit trello) erstellen.

Gruppengröße

Empfehlenswert ist eine Teilnehmerzahl von fünf bis zehn Personen.

Dauer

Die Dauer für die Anwendung des *Taskboards* könnt Ihr selbst festlegen. Womöglich nutzt Ihr es nur für eine bestimmte Aufgabe oder für einen Sprint. Empfehlenswert ist es aber, das Tool für einen längeren Zeitraum zu nutzen, um herauszufinden welchen Mehrwert es Euch liefern kann.

Vorbereitung

Typischerweise erstellt Ihr das *Taskboard* erst einmal analog und nutzt dabei vier verschiedene Spalten auf einem Whiteboard oder alternativ einer Metaplanwand. Die erste Spalte enthält die Einträge Eurer Arbeitsziele, die von dem Team ausgewählt wurden. Die anderen drei Spalten enthalten die Aufgaben, die zur Erfüllung der Arbeitsziele aus dem Backlog nötig sind, unterteilt in den jeweiligen Bearbeitungsstatus. So enthält die zweite Spalte alle Tasks, die noch zu erledigen sind (»tasks«), die dritte solche, die momentan in Bearbeitung sind (»in progress«) und die vierte die Aufgaben, die bereits erledigt sind (»done«).

Ihr fragt Euch, wie ein Taskboard in der Praxis aussehen könnte? Die App enthält ein Praxisbeispiel. Um das Beispiel auszudrucken, nutzt die E-Mail-Funktion in der App.

Das *Taskboard* – ein Praxisbeispiel

Durchführung

Innerhalb eines Sprints ist ständig Bewegung im *Taskboard* zu erkennen.

Habt ihr Euch für ein Arbeitsziel im Sprint entschieden, überlegt Ihr Euch, welche konkreten Aufgaben zu erledigen sind, um das Ziel zu erreichen. Diese notiert Ihr auf Karten und hängt sie in die zweite Spalte (»tasks«). Startet Ihr dann mit einer Aufgabe, verschiebt Ihr sie in die Spalte »in progress« und sobald sie beendet ist, wandert sie in die vierte Spalte (»done«). Wenn alle Aufgaben eines Arbeitsziels in die Spalte »done« verschoben worden sind, hängt ihr auch das entsprechende Arbeitsziel in dieselbe Spalte. Nach Ablauf des Sprints habt Ihr einen detaillierten Überblick über Aufgaben, die Ihr erledigt habt, und solche, die noch ausstehen.

Moderations- und Reflexionsfragen

- Wie habt Ihr das Arbeiten mit dem *Taskboard* empfunden?
- Wo seht Ihr Vorteile?
- Wie schätzt Ihr Eure Produktivität mit dem *Taskboard* ein – im Vergleich zur Arbeit mit anderen Tools?
- Wie könnt Ihr Euer *Taskboard* weiterentwickeln?

Quelle

Das Taskboard kommt aus der Softwareentwicklung im agilen Umfeld (Scrum). Es ist ein einfaches und schnell umsetzbares Instrument auch außerhalb der Softwareentwicklung. So kann es von Euch z.B. im HR-Bereich eingesetzt werden. Ihr steigert zum einen die Transparenz untereinander und zum anderen signalisiert Ihr damit, dass Ihr agile Methoden (vor)lebt.

4.6 Die Palme

!

Tags

Gruppenübung, Reflexion, Erkenntnisgewinn

Lernziel

Das Tool *Die Palme* dient dazu, am eigenen Leib zu erfahren, welche unterschiedlichen Führungs- bzw. Kommunikationsstile es gibt und wie wichtig es ist, sich zu vergewissern, dass man »die gleiche Sprache« spricht.

Material

- Flipchart
- entsprechende Stifte (rot, blau, grün, schwarz)
- ein vorbereitetes Bild von einer Insel mit einer Palme

Gruppengröße

An dem Spiel können beliebig viele Personen teilnehmen. Wichtig ist aber, dass es nur zwei bis drei aktive Teilnehmer gibt (einer beschreibt, einer oder zwei malen). Die restlichen Teilnehmer fungieren als Beobachter.

Dauer

Die Dauer ist abhängig von der Tiefe der Reflexion. Die eigentliche Übung aber nimmt ca. sieben Minuten in Anspruch.

Vorbereitung

Im Vorfeld bereitet Ihr ein Flipchart mit dem Bild vor. Dieses wird an ein Flipchart gehängt und so im Raum positioniert, dass nur aus einer Ecke zu sehen ist, was auf dem Bild ist. Die Arbeitsseite des Flipcharts darf nicht zur Raummitte zeigen. Das Bild wird dann abgedeckt.

In einer anderen Ecke des Raumes baut Ihr ein weiteres Flipchart auf und stattet es mit Stiften (rot, blau, grün, schwarz) aus. Auch hier muss die beschreibbare Seite nach außen zeigen. Solltet Ihr mit drei Personen spielen wollen, so benötigt Ihr ein drittes Flipchart, das ebenso wie das zweite vorbereitet wird. Wichtig ist, dass Ihr, wenn Ihr an einem der Flipcharts steht, nicht gleichzeitig auf die Schreibfläche des anderen schauen könnt.

Durchführung
Zunächst werden zwei Freiwillige gebraucht. Einer von Euch bezieht Position an dem einen Flipchart, der andere an dem anderen. Die anderen Teilnehmer sollen sich gleichmäßig um die beiden Flipcharts herum verteilen.

Der Moderator von Euch gibt die folgende Spielanleitung:

»Ich werde gleich an Deinem Flipchart ein Bild aufdecken. Ich bitte Dich, es Deinem Gegenüber zu beschreiben, so dass dieser es malen kann. Ihr habt sieben Minuten Zeit. Die anderen Teilnehmer möchte ich bitten, nicht zu sprechen, sondern ausschließlich zu beobachten.«

Das Spiel kann in der Variante gespielt werden, dass auch der Malende nicht reden oder nachfragen darf. Nun wird das Bild aufgedeckt und die Zeit beginnt zu laufen. Der eine erklärt dem anderen, was er auf dem Bild sieht und was der andere malen soll.

In der App Eures Smartphones könnt Ihr die Vorlage des Palmen-Bilds anschauen. Wenn Ihr die Vorlage ausdrucken möchtet, könnt Ihr sie Euch per E-Mail auf Euren Computer senden lassen und die Vorlage von dort ausdrucken.

Das Originalbild der *Palme* – eine Spielvorlage für das Flipchart

smARt HAUFE.

Moderations- und Reflexionsfragen

- Glaubt Ihr, bevor das Ergebnis aufgedeckt wird, dass sich das Originalbild und Eure Nachzeichnung ähneln?
- Wie verlief die Kommunikation?
- Welche Muster konntet ihr erkennen?
- Wie war es, eine Beschreibung zu geben? Habt Ihr dies als einfach empfunden?
- Wie hat es sich angefühlt zu malen? Hattet Ihr das Bild vor Augen?
- Wie haben sich die Zuschauer gefühlt?
- Was könnt Ihr aus dieser Übung für Euren Alltag mitnehmen?

4.7 Blinde Führung

Tags

Partnerübung, Erkenntnisgewinn, Vertrauen, Zusammenarbeit

Lernziel

Mit dem Tool *Blinde Führung* reflektiert Ihr den Wert Vertrauen in der Zusammenarbeit zwischen Führungskraft und Team.

Material

- Schlafmasken für jeden zweiten Teilnehmer

Gruppengröße

Das Spiel Blinde Führung ist eine Partnerübung. Die Anzahl der Teilnehmer könnt Ihr frei wählen. Bei einer ungeraden Teilnehmerzahl bildet Ihr eine Dreiergruppe.

Dauer

Plant für die Durchführung des Tools und die anschließende Reflexion 20 bis 30 Minuten ein.

Vorbereitung

Bildet in der Vorbereitung Zweierteams (bzw. Dreierteams) und versorgt jeweils einen von Euch mit einer Schlafmaske.

Durchführung

Zunächst legt Ihr Start- und Zielpunkt räumlich fest. Ihr könnt dabei z.B. das Bürogebäude verlassen und Euren Seminarraum als Endpunkt festlegen. (Treppen oder Hindernisse machen die Übungen reizvoller, erfordern aber größere Aufmerksamkeit und Vorsicht). Einer aus Eurem Zweierteam setzt nun die Schlafmaske auf, so dass er nichts mehr sehen kann. Die Aufgabe des Partners ist es nun, den »blinden« Kollegen zum festgelegten Zielpunkt zu führen. Dabei gibt es keine speziellen Regeln. Ihr dürft also auch miteinander kommunizieren und Euch anfassen. Habt Ihr Euren Endpunkt erreicht, startet die zweite Runde. Kehrt dafür zu Eurem festgelegten Startpunkt zurück und tauscht die Rollen. Der Geführte gibt seine Schlafmaske an seinen Partner ab und übernimmt die Rolle des Führers. Der Ablauf bleibt der gleiche, nur müsst Ihr diesmal die Regel befolgen, dass keine körperliche Berührung in der Führung vom Start- zum Zielpunkt erlaubt ist. Auch diese Runde endet mit der Ankunft an Eurem Zielpunkt.

Moderations- und Reflexionsfragen

- Wie hat es sich angefühlt geführt zu werden?
- Wie ist Vertrauen in der Führungsbeziehung entstanden?
- Wie hat es sich angefühlt zu führen?
- Wie seid Ihr mit der Regel in Runde zwei umgegangen? Was habt Ihr dabei gelernt?
- Wo seht Ihr Parallelen zu Eurem Führungsalltag?

Hier findet Ihr eine alternative Spielvariante zum Tool *Blinde Führung*, die Ihr Euch auch per E-Mail zum Ausdrucken zuschicken lassen könnt.

Die Spielanleitung zum Tool *Hirte/Herde* – ein Alternativspiel zu *Blinde Führung*

4.8 Blue Ocean Leadership

Tags
Einzelübung, kostenlos, Innovation, Verbesserung, Erkenntnisgewinn

!

Lernziel

Mit dem Tool *Blue Ocean Leadership* habt Ihr die Möglichkeit, Euer Führungsverhalten und Euer Empowerment zu überprüfen und anzupassen. Ihr erzeugt relevanten Nutzen (»Blue Oceans«) für Euch als Führungskraft, indem Ihr aktiv Raum und Zeit für die Arbeit am System schafft.

Material

- ein großes Blatt Papier und Stifte
- oder alternativ: Ihr erstellt die Tabelle auf Eurem PC.

Gruppengröße

Das Tool *Blue Ocean Leadership* führt Ihr als Führungskraft in einer Einzelübung durch. Die Ergebnisse haben aber dann im Nachhinein Auswirkungen auf Eure Teams.

Dauer

Ihr solltet mindestens 45 Minuten einplanen.

Vorbereitung

In der Vorbereitung solltet Ihr sicherstellen, dass Euch Euer Kalender mit Terminen für die letzten vier Wochen vorliegt. Nun bereitet Ihr (manuell oder auf Eurem PC) eine Tabelle mit folgenden vier Spalten vor: eliminieren, reduzieren, intensivieren, etablieren.

Durchführung

Schaut Euch nun Euren Kalender mit entsprechenden Aufgaben, Projekten und Meetings für die letzten vier Wochen genauer an und denkt darüber nach, was davon wirklich wichtig war und was Ihr auch hättet delegieren können.

Tragt entsprechende Aufgaben, Projekte und Meetings in die vier Spalten ein:

- **Reduzieren:** Was können andere Teammitglieder genauso gut erledigen wie Ihr?
- **Eliminieren:** Was wollt Ihr in Zukunft gar nicht mehr tun?
- **Intensivieren:** Was wollt Ihr in Zukunft vermehrt tun?
- **Etablieren:** Was wollt Ihr neu kreieren?

Setzt Euch das Ziel, 50 Prozent Euer Kalendereinträge in die Spalten »eliminieren« und »reduzieren« zu übertragen, um Platz für Strategisches zu schaffen. Mit diesem Tool setzt Ihr Prioritäten und behaltet wichtige Aspekte wie Dringlichkeit, Risiken, Nutzen und Kunden im Auge.

Moderations- und Reflexionsfragen

- Wie habt Ihr Euch dabei gefühlt, Verantwortung abzugeben?
- Was ist Euch deutlich geworden? Was wollt Ihr ändern?
- Welche Spalte war besonders schwer zu füllen?
- Wie wollt Ihr mit Eurer Prioritätenliste weiter vorgehen?

Quelle

Die Strategie des *Blue Ocean* wurde von W. Chan Kim und Renée Mauborgne entwickelt und kann in folgendem Buch weiter nachvollzogen werden: *Der Blaue Ozean als Strategie* (Chan/Mauborgne 2005).

4.9 Punktabstimmung

Tags
Gruppenübung, Erkenntnisgewinn, Entscheidungsfindung

!

Lernziel
Mit der *Punktabstimmung* habt Ihr ein Tool an der Hand, dass Euch dabei hilft, Prioritäten zu setzten und Lösungen zu finden. Oftmals ist es der Fall, dass zu einem bestimmten Zeitpunkt eines Brainstormings zu viele Konzepte, Ideen und Möglichkeiten entwickelt wurden, so dass Ihr den Überblick zu verlieren droht und in der Lösungsfindung nicht weiterkommt. Nutzt in einer solchen Situation die *Punktabstimmung,* um einfach und schnell Ordnung in das Chaos zu bringen.

Material
- Klebepunkte oder Stifte
- Whiteboard oder Flipchart, an dem bereits die Ideen festgehalten wurden

Gruppengröße
An der *Punktabstimmung* sollten mindestens drei Mitspieler teilnehmen.

Dauer
Die Dauer für die Durchführung der *Punktabstimmung* ist sehr kurz gehalten, erhöht sich aber natürlich, je mehr Personen daran teilnehmen. Maximal fünf Minuten.

Vorbereitung
Überlegt Euch im Vorhinein, worüber die Spielteilnehmer genau abstimmen sollen. Hierbei kann es sich um eine gerade produzierte Wand voller Post-its mit neuen Ideen handeln, einer Liste von Vorschlägen, die bereits vorher erstellt wurde oder um alle möglichen Konzepte, die nach einer Reduzierung und Lösungsfindung verlangen.

Durchführung
Sobald es zur Abstimmung kommt, könnt Ihr mithilfe von Klebepunkten oder einfachen Strichen für die jeweiligen Themen stimmen, die Ihr als besonders wichtig empfindet. Dabei könnt Ihr Euch an einen Richtwert von fünf Stimmen pro Person halten, wobei Ihr auch mehrere Stimmen für einen Eintrag abgeben dürft. Soll die Abstimmung anonym verlaufen, dreht Ihr das Board, so dass jeder für sich und geheim seine Stimme abgeben kann. Nachdem Ihr Eure Stimmen abgegeben habt, werden sie ausgezählt und in einer neuen Liste

je nach Abstimmungsergebnis zusammengefasst. Diese Liste stellt nun die Grundlage für weiterführende Diskussionen und die Entscheidungsfindung dar. Ihr könnt die als unwichtig bewerteten Beiträge nochmals kurz erwähnen, um sicherzustellen, dass sie nicht aus falschen Gründen wegpriorisiert wurden.

Moderations- und Reflexionsfragen

- Wofür ist die *Punktabstimmung* in Eurem Arbeitskontext besonders relevant?
- Wo seht Ihr den Nutzen einer solchen Abstimmung?
- Inwiefern ist es Euch schwergefallen zu priorisieren?
- Wie zufrieden seid Ihr mit der priorisierten Liste?

4.10 Weitere Tools in der Dimension Führung

Die folgende Tabelle zeigt Euch, welche weiteren Tools und Spiele aus diesem Buch auch auf die **Dimension Führung** einzahlen.

Tool	Kapitel
Triple Nickles	1.9
Domino Effect	3.4
Johari-Fenster	5.1
Pioneer Cards	5.7
Kill a stupid rule	6.5
Taxizentrale	6.6
Retro Timeline	6.7
Systematisches Konsensieren	6.8
World Café	6.11
Moving Motivators	6.13

5 HR: Agile Personalinstrumente einsetzen

5.1 Johari-Fenster

Tags
Partnerübung, Feedback, Teamentwicklung, Kommunikation, aktiv zuhören, Vertrauen

Lernziel

Das *Johari-Fenster* ist ein Feedback-Tool zum Abgleich von Selbst- und Fremdbild. Es hilft Euch zu erkennen, welches Bild andere von Euch haben, und gibt Euch die Möglichkeit, dieses Fremdbild mit dem eigenen Bild (von sich selbst) abzugleichen. Denn Selbst- und Fremdbild entstehen durch Wahrnehmung und die kann mitunter sehr unterschiedlich sein. Mithilfe des *Johari-Fensters* macht Ihr das Selbst- und Fremdbild transparent. Und das gibt Euch die Möglichkeit, darüber zu sprechen und die Kommunikation im Team insgesamt zu verbessern.

Material

- Flipchart
- oder: Whiteboard (Alternativ könnt Ihr das *Johari*-Fenster auch auf normalem Papier visualisieren.)

Gruppengröße

Für das *Johari-Fenster* benötigt Ihr mindestens zwei Mitspieler.

Dauer

Für die Durchführung des *Johari-Fensters* könnt Ihr ca. 30 Minuten einplanen. Je nachdem, wie tief Ihr über Unbekanntes diskutieren möchtet, könnt Ihr Euren Zeitbedarf selbst frei gestalten.

Vorbereitung

Das *Johari-Fenster* wird in einer Vier-Felder-Matrix dargestellt. Diese könnt Ihr vor der Durchführung auf dem Flipchart bzw. dem Whiteboard vorbereiten. Auf der X-Achse gibt es die Optionen »Mir bekannt« und »Mir unbekannt«, auf der Y-Achse die Optionen »Anderen bekannt« und »Anderen unbekannt«. Durch die jeweiligen Kombinationen ergeben sich vier Felder oder Quadranten: »öffentliche Person«, »mein Geheimnis«, »Unbekanntes« und »blinder Fleck«.

Aspekte der Persönlichkeit, die Dir selbst und anderen bekannt sind, fügt Ihr zum Bild der »öffentlichen Person« hinzu. Aspekte, die Dir bekannt, anderen allerdings unbekannt sind, gehören zu »mein Geheimnis«. Aspekte, die weder mir noch anderen bekannt sind, bleiben als »Unbekanntes« im Dunkeln. Besonders relevant sind aber jene Aspekte, die andere von mir wahrnehmen, ich selbst aber nicht. Hierbei handelt es sich um den »blinden Fleck«.

Wie sieht das *Johari-Fenster* konkret aus? Schaut Euch hier ein Bild zum Aufbau des *Tools* an, das Ihr auch ausdrucken könnt. Darüber hinaus enthält die smARt-Haufe-App einen Artikel des Personalmagazins über Ziel, Durchführung und Nutzen des *Johari-Fensters*.

Das *Johari-Fenster*

Durchführung
Nun könnt Ihr beginnen, das *Johari-Fenster* in Zweierpärchen durchzuspielen. Jeder von Euch füllt jeweils das Feld zur »öffentlichen Person« über sich selbst aus, indem er oder sie Aspekte nennt, die anderen über Euch bekannt sind. Im Anschluss tauscht Ihr die Angaben aus und ergänzt im Feld »blinder Fleck« die Wahrnehmungen, die die Person bisher nicht selbst genannt hat, aber die Euch in der Zusammenarbeit auffallen. Danach tauscht Ihr Euch über

die herausgearbeiteten Unterschiede in der Eigen- und Fremdwahrnehmung aus.

Wichtig ist, dass diese Methode eine Begegnung auf Augenhöhe erfordert und in großer Offenheit durchgeführt werden muss. Grundlage für den Austausch sollte das Einhalten von Feedback-Regeln sein.

Moderations- und Reflexionsfragen

- Habt Ihr eine Differenz zwischen Selbst- und Fremdbild feststellen können?
- In welchem Ausmaß war Euch dieser Unterschied vorher bewusst?
- Welche Erkenntnis nehmt Ihr mit? Was habt Ihr gelernt?
- Wie ändert das Ergebnis Euren Arbeitsalltag?

Quelle

Das *Johari-Fenster* wurde nach den Vornamen der amerikanischen Sozialpsychologen Joseph Luft und Harry Ingham benannt, die das *Johari-Fenster* 1955 entwickelt haben.

5.2 Retrospektive

! Tags
Gruppenübung, Verbesserung, Kommunikation, mit Moderator

Lernziel

Retrospektiven helfen Euch dabei, gemeinsam und in regelmäßigen Abständen Eure Zusammenarbeit und Ergebnisse aus der Vergangenheit kritisch zu hinterfragen und zu bewerten. Was ist gut gelaufen, wo seht Ihr noch Verbesserungspotenzial und welche Maßnahmen sind zukünftig dafür nötig? Mit diesen Fragen folgt Ihr dem agilen Prinzip von »Inspect and Adapt«, das auf kontinuierliches Überprüfen setzt. Regelmäßige *Retrospektiven* sind essenzieller Bestandteil eines Lernprozesses.

Material

- Metplanwand, Metaplankarten und passende Stifte
- oder alternativ: Whiteboard, Post-its und entsprechende Stifte

Gruppengröße

Die Gruppengröße könnt Ihr frei bestimmen. Achtet nur darauf, dass Mitglieder eines Teams oder Projekts zusammenkommen, die in letzter Zeit auch aktiv miteinander gearbeitet haben.

Dauer

Je nach Dauer der Iteration, für die eine Retrospektive durchgeführt werden soll, fällt der Zeitbedarf sehr unterschiedlich aus. Ein guter Richtwert sind 90 Minuten. Nehmt Euch im Zweifelsfall lieber weniger Zeit, führt *Retrospektiven* dafür regelmäßig und in kurzen Abständen von z. B. zwei Wochen durch.

Vorbereitung

Bereitet die Wand oder das Board mit Karten Eurer Retrospektive vor. Stellt außerdem sicher, dass Ihr für alle Teilnehmer genügend Karten und Stifte bereitstellt.

Durchführung

Typischerweise verläuft eine Retrospektive in drei Schritten:

1. **Begrüßung:** Neben einer kurzen Begrüßung ist es wichtig, dass Ihr gemeinsame Ziele der Retrospektive klärt.
2. **Daten erheben:** Nun geht es ans Datensammeln! Schaut auf die Maßnahmen, die Ihr bei der letzten Retrospektive vereinbart habt, und prüft, ob die Maßnahmen umgesetzt wurden und welche Veränderungen dadurch

bewirkt worden sind. Eine Möglichkeit ist es, die Informationen in den Spalten »positive Aspekte«, »Verbesserungspotenzial« und »Sternchen« auf dem Board zu sammeln. In kurzer Stillarbeitsphase generiert Ihr Aspekte für jede Spalte auf den Post-its bzw. Karten. Achtet dabei darauf, dass Ihr nur einen Beitrag pro Karte verwendet. Am Ende der Phase stellt jeder seine Karten kurz vor und hängt sie an die Wand. Sortiert und priorisiert anschließend gemeinsam die Themen und klärt, über welche Ihr detaillierter sprechen möchtet.

3. **Diskussion:** Im nächsten Schritt führt Ihr die Diskussion der von Euch priorisierten Themen und haltet konkrete Maßnahmen fest, was und wie Ihr Dinge verbessern wollt. Haltet insgesamt zwei bis maximal drei Maßnahmen fest. Die Maßnahmen sollten in der nächsten Iteration umgesetzt werden können. Nehmt lieber eine Maßnahme weniger mit in die nächste Iteration, aber vereinbart dafür, dass Ihr die ausgewählten Maßnahmen mit der notwenigen Sorgfalt und dem entsprechenden Zeiteinsatz angeht.

Wie eine Retrospektive in der Praxis aussehen kann, seht Ihr in folgendem Video.

Die *Retrospektive* in der agilen Praxis

Moderations- und Reflexionsfragen

- Mit welchem Gefühl geht Ihr aus der Retrospektive?
- War Eure Zeit sinnvoll investiert?
- Was macht Ihr beim nächsten Mal anders?
- Was soll erhalten bleiben?

Weitere Konzepte und Einsatzmöglichkeiten von Retrospektiven findet Ihr im *Retrospektiven Wiki in Eurer App.*

5.3 Jeopardy-Retrospektive

Tags

Retrospektive, Feedback, Reflexion

Lernziel

Jeopardy ist eine Form der Retrospektive, mit der Ihr auf spielerische Art und Weise Feedback über Vergangenes und Verbesserungsvorschläge für Zukünftiges abfragen könnt.

Material

- Metaplanwand, Metaplankarten, entsprechende Stifte und Pins
- oder: Whiteboard, Post-its und entsprechende Stifte

Gruppengröße

Die Größe Eurer *Jeopardy*-Gruppe könnt Ihr frei wählen. Wichtig ist, dass die Teilnehmer zusammen an einem Projekt oder einer Aufgabe gearbeitet haben, um eine sinnvolle *Retrospektive* durchführen zu können.

Dauer

Plant für die *Jeopardy*-Retrospektive ein wenig mehr Zeit ein als für andere Retrospektiven-Tools, da das »Fragen erraten« zeitaufwendiger ist. Natürlich hängt der Zeitaufwand aber auch von der Komplexität des Themas und der Gruppengröße ab.

Vorbereitung

Bereitet ein Board für die *Jeopardy*-Retrospektive vor, indem Ihr mit fünf Karten bzw. Post-its Spalten auf Eurem Board bildet. Diese beschriftet Ihr in 100er-Schritten von 100 bis 500. Die Karten repräsentieren eine Priorisierung, wie wichtig Euch ein bestimmtes Thema ist. Bevor Ihr startet, stattet Ihr alle Teilnehmer mit Stiften, Post-its bzw. Karten aus.

Durchführung

Ihr habt nun zehn Minuten Zeit, Euch Fragen und dazugehörige Antworten zum Thema der Retrospektive auszudenken. Sprecht Ihr also z.B. davon, wie Ihr Eure Online-Kollaboration in Eurem letzten Sprint verändert habt, könnte es beispielsweise Antworten wie »Skype«, »Telko-Nummern« oder »Slack« geben.

Die Antworten schreibt Ihr auf die Vorderseite, die entsprechenden Fragen auf die Rückseite Eurer Karten. Wenn Ihr das Tool zeitlich eingrenzen wollt, legt fest, dass jeder von Euch maximal drei Karten, also drei Antworten aufschreiben darf. Anschließend pinnt Ihr die Karten nacheinander in die entsprechende Spalte an die Wand, so dass ein *Jeopardy*-Board entsteht. Nun könnt Ihr jede Karte einzeln durchgehen und die Teilnehmer bitten, nacheinander mögliche Fragen zu der zuvor notierten Antwort zu stellen. Hört Euch zu jeder Karte nicht mehr als drei Vorschläge an, wird die Frage dann immer noch nicht erraten, dreht die Karte um. Die falschen Vorschläge (Fragen) könnt Ihr trotzdem an dem Board festhalten. Vielleicht kommen dadurch andere interessante Themen zum Vorschein. Habt Ihr alle Fragen aufgedeckt, geht Ihr typischerweise wie in jeder Retrospektive vor, indem Ihr die Themen nacheinander durchsprecht und Maßnahmen festhaltet. Hierbei ist es üblich, sich auf zwei bis drei Maßnahmen zu fokussieren. Ihr könnt beispielsweise mit einer Punktbewertung herausfinden, welche Themen für die Gruppe am dringendsten sind. Alternativ kann sich die Gruppe auf die 500er-Fragen/Antworten beschränken und dort zwei bis drei auswählen, zu denen Maßnahmen eingeleitet werden sollen.

Moderations- und Reflexionsfragen

- Für welche Antworten war es besonders leicht und für welche besonders schwer, die dazugehörige Frage zu erraten? Woran könnte das liegen?
- Inwiefern ist es schwerer oder leichter, eine *Retrospektive* als Frage und Antwort zu formulieren?
- Was könnt Ihr aus dieser Form der *Retrospektive* lernen?

Quelle

Die *Jeopardy*-Retrospektive wurde von der gleichnamigen Fernseh-Quizshow adaptiert und in den Arbeitskontext übertragen.

5.4 Lobdusche

Tags
Feedback, Gruppenübung, Kommunikation, aktiv zuhören, Vertrauen

!

Lernziel

Die *Lobdusche* ist ein Feedback-Tool, mit dem Ihr Euren Mitspielern offenes, ehrliches Lob und Wertschätzung aussprecht. Kritik hat hier keinen Platz.

Material

Ihr benötigt kein spezielles Material. Stellt nur sicher, dass Ihr einen Raum zur Verfügung habt, in dem Ihr zusammen einen großen Kreis bilden könnt.

Gruppengröße

Prinzipiell könnt Ihr die *Lobdusche* mit zwei Personen spielen, abwechslungsreicher und informativer wird es aber, je mehr Teilnehmer daran teilnehmen. Aber denkt daran: Je mehr Spieler Ihr seid, umso mehr Platz braucht Ihr und desto länger dauert die Durchführung.

Dauer

Je nachdem, wie viele Personen an der *Lobdusche* teilnehmen, variiert die Dauer des Tools. Plant durchschnittlich ca. 10 bis 30 Minuten für die Durchführung ein.

Vorbereitung

Die *Lobdusche* funktioniert ähnlich wie das Tool *Kugellager*. Teilt die Teilnehmer in zwei gleich große Gruppen ein, die jeweils einen äußeren und einen inneren Kreis bilden. Wenn sich jetzt jeweils zwei Personen gegenüberstehen, könnt Ihr anfangen.

Wie ein *Kugellager* funktioniert, seht Ihr hier.

Das Prinzip des *Kugellagers* – Grundlagen zum Verständnis der *Lobdusche*

Durchführung

Nun beginnt der äußere Kreis mit der *Lobdusche*. Konkret bedeutet dies, dass Ihr der jeweils gegenüberstehenden Person eine Minute lang ein wertschätzendes Lob aussprecht. Stellt Euch dabei Fragen wie »Was hat die Person besonders gut gemacht?«, »Wo liegen ihre Stärken?«, »Wovon war ich besonders beeindruckt?« usw.

Nach dieser ersten Runde rotiert der innere Kreis im Uhrzeigersinn eine Person weiter, so dass der äußere Kreis nun in der zweiten Runde dem nächsten Teilnehmer das Lob aussprechen kann. Ihr könnt den Kreis einmal komplett rotieren lassen oder Ihr entscheidet bereits nach der Hälfte, dass die Kreise, also die Lob-Geber mit den Lob-Nehmern tauschen. Am Ende des Spiels sollten alle Teilnehmer ca. gleich viel Lob bekommen und ausgesprochen haben.

Ähnlich wie beim *Johari-Fenster* (vgl. Kapitel 5.1) sollte die *Lobdusche* in einem geschützten Rahmen stattfinden, der von Offenheit, Wertschätzung und Begegnung auf Augenhöhe geprägt ist.

Moderations- und Reflexionsfragen

- Wie habt Ihr Euch als Lob-Geber und Lob-Nehmer gefühlt?
- Welche Rolle ist Euch schwerer gefallen und warum?
- Wie könnt Ihr das Tool in Euren Arbeitsalltag integrieren?

5.5 Kollegiale Fallberatung

! **Tags**

Gruppenübung, Zusammenarbeit, Kreativität, Erkenntnisgewinn, Vertrauen, aktiv zuhören

Lernziel

Kollegiale Fallberatung – auch bekannt unter dem Namen *kollegiales Coaching* – ist ein Tool für eine personenorientierte Beratung. Dabei reflektiert Ihr systematisch und ergebnisorientiert berufsbezogene Fälle gemeinsam in der Gruppe.

Material

Für die *kollegiale Fallberatung* braucht Ihr kein spezielles Material. Achtet nur darauf, dass Eure Gruppe einen gemeinsamen beruflichen Fokus sowie ähnliche Problemstellungen hat. Das heißt, wenn Ihr Euch z.B. über fachspezifische HR-Themen austauscht, ist ein gemeinsamer Kenntnisstand hilfreich.

Gruppengröße

Achtet bei der Wahl der Gruppengröße darauf, dass genügend »Fallberater« teilnehmen, um ein vielfältiges Ergebnis zu finden. Andererseits sollte die Gruppe nicht zu groß sein, um den Charakter der Beratung nicht zu verlieren. Als Richtwert könnt Ihr von sieben plus/minus zwei Teilnehmern ausgehen.

Dauer

Typischerweise besprecht Ihr jeden eingebrachten Fall Eurer Teilnehmer für ca. 30 bis 60 Minuten. Die Dauer ist abhängig von der Anzahl der Teilnehmer und deren Vielfalt an Perspektiven sowie der Komplexität des Falls. Außerdem ist die Idee der *kollegialen Fallberatung,* dass sie in regelmäßigen Abständen und freiwillig, aber in einem verbindlichen Rahmen stattfindet.

Vorbereitung

Die *kollegiale Fallberatung* bedarf keiner großen Vorbereitung. Allerdings verläuft die Beratung immer nach einer bestimmten Struktur, die Ihr gerne zur Orientierung im Vorhinein auf einer Pinnwand oder einem Board präsentieren könnt.

Durchführung

In der Durchführung der *kollegialen Fallberatung* widmet Ihr Euch nacheinander immer einer Problemstellung eines Teilnehmers. Dabei geht Ihr wie folgt vor (hier wird von 60 Minuten pro Fall ausgegangen):

Der Fallgeber hat fünf Minuten Zeit, um seinen Fall vorzustellen, die Situation zu beschreiben und seine Fragestellung zu formulieren. Der Rest der Gruppe hört nur zu.

Es folgen 15 Minuten Befragung, in der Ihr den Fallgeber mit Fragen zu dem Fall löchern könnt. Achtet darauf, dass Ihr Fragen nie in Form von Problem-Interpretationen stellt, sondern nur Verständnis- und Informationsfragen stellt.

In den nächsten 15 Minuten bildet Ihr Hypothesen zu dem Fall, ohne dass diese von jemand anderem oder gar von dem Fallgeber selbst kommentiert werden. Dessen Aufgabe ist es, jetzt nur zuzuhören und eventuell solche Hypothesen mitzuschreiben, die für ihn relevant sein könnten. In dieser Phase ist es besonders wichtig, dass Ihr weder diskutiert noch Lösungsvorschläge einbringt.

Die nächsten 20 Minuten nehmt Ihr Euch Zeit, um mögliche Lösungsvorschläge zu schildern. Achtet auch hier darauf, dass Ihr Euch nicht in Diskussionen verliert. Wenn Ihr mit einer Lösung nicht einverstanden seid, formuliert Ihr etwas Neues. Der Fallgeber hält sich immer noch im Hintergrund, stellt keine Rückfragen und hört intensiv zu.

In den letzten fünf Minuten reflektiert der Fallgeber die *kollegiale Fallberatung* und teilt mit, welche Hypothesen und Vorschläge für Ihn besonders wertvoll waren und was er davon wie umsetzen möchte.

In der App könnt Ihr ein Podcast zur *kollegialen Fallberatung* hören.

Podcast zum Coachen ohne Coach

Moderations- und Reflexionsfragen

- Wie ist es den Fallgebern bzw. den Beratern ergangen?
- Wo seht Ihr Vorteile und was ist Euch schwergefallen?
- Wie bewertet Ihr die Struktur der *kollegialen Fallberatung?*
- Wie bewertet Ihr die Qualität und den Outcome der Beratung?
- Wo könnt Ihr die *kollegiale Fallberatung* regelmäßig anwenden?

Quelle

Weitere Informationen zur *kollegialen Fallberatung* könnt Ihr folgender Literatur entnehmen:

- Lippmann, E. (2014): *Coaching – Angewandte Psychologie für die Beratungspraxis.* (3. überarb. Aufl.) Heidelberg: Springer.
- Lippmann, E. (2013): *Intervision: Kollegiales Coaching professionell gestalten.* (3. Aufl.) Heidelberg: Springer.
- Tietze, K.-O. (2010). *Wirkprozesse und personenbezogene Wirkung von kollegialer Beratung: Theoretische Entwürfe und empirische Forschung.* Wiesbaden: VS Verlag für Sozialwissenschaften.

5.6 Plus/Delta

Tags

Gruppenübung, Feedback, Kommunikation, Zusammenarbeit, Verbesserung

Lernziel

Plus/Delta ist ein Tool, das Euch dabei unterstützt, konstruktives Feedback für Konzepte, Produkte, Maßnahmen oder Meetings zu fördern. Das Tool ermöglicht eine ehrliche Einschätzung, da mit ihm nicht hinterfragt wird, was nicht gut gelaufen ist, sondern was verbessert werden kann.

Material

- eine Metaplanwand, Metaplankarten und entsprechende Stifte
- oder: ein Whiteboard, Post-its und entsprechende Stifte
- alternativ: ein Flipchart mit entsprechenden Stiften

Gruppengröße

Die Teilnehmerzahl könnt Ihr selbst bestimmen. Es gibt für dieses Tool keine empfehlenswerte Gruppengröße.

Dauer

Für das *Plus/Delta*-Tool solltet Ihr eine Zeitspanne von 10 bis 45 Minuten einplanen.

Vorbereitung

Auf dem von Euch gewählten Board erstellt Ihr eine Liste mit zwei Spalten, eine beschriftet Ihr mit »Plus«, die andere mit »Delta«. Bevor es losgeht, versorgt Ihr alle Teilnehmer mit den passenden Karten bzw. Post-its und Stiften.

Durchführung

In einer Stillarbeitsphase fasst Ihr nun Aspekte zusammen, die Ihr bei einer bestimmten Tätigkeit bzw. Situation als positiv und wiederholenswert empfunden habt. Diese Liste hängt Ihr unter die »Plus«-Spalte an Euer Board. Anschließend sammelt Ihr diejenigen Aspekte, die noch Verbesserungspotenzial haben. Diese platziert Ihr in Eure »Delta«-Spalte.

Moderations- und Reflexionsfragen

- Inwiefern ist es Euch bei diesem Tool leichter gefallen, ehrliches Feedback zu geben?
- Wo seht Ihr Vorteile im Gegensatz zu anderen Feedback-Tools?
- Wie könnt Ihr die *Plus/Delta*-Methode in Euren Arbeitsalltag integrieren?
- Für welche Aufgaben ist das Tool besonders wertvoll?

5.7 Pioneer Cards

!

Tags
Einzelübung, Gruppenübung, Feedback, Kommunikation, Zusammenarbeit, Konflikte, Kauf, Reflexion

Lernziel

Ihr nutzt die *Pioneer Cards*, um Euch intensiv über Werte und Kompetenzen auszutauschen, mit dem Ziel, Menschen spielerisch zu entwickeln. Die *Pioneer Cards* können auch zur Selbstreflexion oder für Mitarbeiter- und Feedbackgespräche eingesetzt werden.

Material

Je nach Gruppengröße braucht Ihr ein oder mehrere Sets der *Pioneer Cards*. Dazu gehören je 32 visuelle und textuelle Kompetenz- und Wertekarten, zehn Zahlenskalen von null bis zehn sowie eine Spielanleitung. Ein Set reicht somit immer für maximal zehn Teilnehmer. Ihr könnt es direkt über die App bestellen.

Gruppengröße

Je nach Einsatzgebiet der *Pioneer Cards* wird Eure Teilnehmerzahl mit Sicherheit variieren. Sinnvoll ist bei Gruppenübungen eine Personenanzahl zwischen 5 und 10.

Vorbereitung

Ihr könnt die *Pioneer Cards* in unterschiedlichen Situationen einsetzen. So finden sie Anwendung im Recruiting oder auch in der Mitarbeiter-, Team- oder Führungskräfteentwicklung. In der Vorbereitung sucht sich der Mitarbeiter, das Team und/oder die Führungskraft fünf bis zehn Werte oder Kompetenzen aus, die für den jeweiligen Kontext von Bedeutung sind.

Durchführung

In der Spielebox findet Ihr fünf verschiedene Spielanleitungen für die *Pioneer Cards*. Es sind aber auch alle anderen Spielvarianten möglich, die Ihr gerne ausprobieren möchtet und die für Euch zielführend sind. Neben der Selbstreflexion werden die *Pioneer Cards* vor allem auch zur Teamentwicklung eingesetzt. Hierzu wählt Ihr aus den 32 Kompetenzen die für Euch aktuell wichtigsten aus. Es sollten nicht mehr als fünf bis zehn sein. Nun werden alle Kompetenzen der Reihe nach bewertet. Dafür nimmt sich jeder von Euch eine Zahlenskala von null bis zehn zur Hand. Null bedeutet »nicht vorhanden« und zehn »extrem stark ausgeprägt«. Jeder überlegt, wie sehr seiner Meinung nach die jeweilige Kompetenz, zum Beispiel »Lernfähigkeit«, ausgeprägt ist. Nun zeigen alle gleichzeitig ihren gewählten Wert. Über große Differenzen könnt Ihr Euch nun im Anschluss gerne austauschen.

Ziel ist es, einen gemeinsamen Wert zu finden und je nach Ausprägung Entwicklungsziele zu setzen. Diese Spielvariante lässt sich ebenso gut in Retrospektiven (vgl. Kapitel 5.2) einbinden. Die *Pioneer Cards* können außerdem auch im Recruiting eingesetzt werden. Wenn Ihr eine neue Stelle besetzen möchtet, macht Ihr Euch als Team Gedanken über diejenigen Kompetenzen, die für die jeweilige Position wichtig sind. Der Bewerber kann nun wahlweise die Kompetenzen in eine Rangfolge bringen oder in der zweiten Spielvariante mitteilen, wie er sich in Bezug auf die geforderte Kompetenz einschätzt. Im Anschluss an das Bewerbergespräch bewertet Ihr als Team den Bewerber und setzt auch hier wieder die Zahlenskalen ein. Das Ergebnis fließt in die Einstellungsentscheidung ein.

Im Video seht Ihr, wie eine Spielrunde mit den *Pioneer Cards* aussehen kann. Scannt dazu einfach die folgende Abbildung. Um die Kompetenzen im Team beurteilen und entwickeln zu können, könnt Ihr als Zusatzmaterial das *Kompetenzrad* verwenden, das Ihr ebenfalls in der App findet.

Die Pioneer Cards in der Praxis – Ein Video

Moderations- und Reflexionsfragen

- Weichen die Bewertungen der Kompetenzen bzw. Werte stark voneinander ab? Woran könnte das liegen?
- Wie hat sich die Arbeit mit den Karten angefühlt? Welchen Mehrwert seht Ihr?
- Wo könntet Ihr die Karten noch in Eurem Arbeitsalltag einsetzen?

Quelle

Die *Pioneer Cards* wurden von HR Pioneers entwickelt.

5.8 Return on Time Invested (ROTI)

! **Tags**

Gruppenübung, Feedback, Kommunikation, kontinuierliche Verbesserung

Lernziel

Mit dem Tool ***Return on Time Invested*** (kurz ROTI) schafft Ihr eine transparente und verbesserte Feedback-Kultur in Eurer Organisation, indem Ihr eine Rückmeldung über das Verhältnis zwischen Nutzen und aufgebrachter Zeit in Meetings, Vorträgen oder Workshops von den Teilnehmern bekommt.

Material

- Flipchart oder Whiteboard
- passende Stifte oder Klebepunkte (je nach Methodenwahl benötigt Ihr eventuell auch gar kein Material)

Gruppengröße

Das Tool könnt Ihr prinzipiell in jeder Retrospektive oder jedem Meeting-Format mit jeder Anzahl von Teilnehmern anwenden.

Dauer

Für die Durchführung benötigt Ihr, je nach Teamgröße, etwa 5 bis 15 Minuten.

Vorbereitung

Ihr solltet Euch im Vorhinein überlegen, wie Ihr den *Return On Time Invested* abfragen möchtet. Entscheidet Ihr Euch z. B. für die Fünf-Finger-Methode (Anzahl der gehobenen Finger), müsst Ihr nichts vorbereiten. Wollt Ihr Eure Stimmung aber auf einer Liste festhalten, solltet Ihr diese schon vorbereitet haben. Ihr könnt selbst entscheiden, ob Ihr eine Liste mit Smileys unterschiedlichster Gesichtsausdrücke, eine Zahlenskala von -2 bis +2 oder eine einfache Strichliste von -- bis ++ erstellen wollt. Auch die Skala dürft Ihr selbst wählen. Meist wird das Tool aber mit einer Fünfer-Skala verwendet:

1. Wertlos, ich habe Zeit verloren.
2. Der Gewinn ist zu niedrig für die investierte Zeit.
3. Nutzen und investierte Zeit sind ausgewogen.
4. Die Vorteile überwiegen etwas gegenüber der investierten Zeit
5. Großer Nutzen; ein wirklich wertvolles Meeting/eine wirklich wertvolle Retrospektive.

Die Vorlage der Bewertungskarten findet Ihr in der App.

Return on Time Invested – Bewertungskarten und Vorlagen zur Nutzen-Zeit-Bewertung

Durchführung

Jeder von Euch bewertet nun das vergangene Meeting, den Vortrag oder Workshop anhand der zuvor festgelegten Skala. Wenn Ihr ein Stimmungsbild erhalten habt, könnt Ihr in die Diskussion einsteigen und konkret nachfragen, was zu den einzelnen Stimmungen geführt hat. Fällt das Feedback überwiegend negativ aus, fragt explizit nach, warum die Bewertung schlecht ausgefallen ist, wo Optimierungsbedarf besteht und welche Verbesserungsvorschläge es gibt.

Moderations- und Reflexionsfragen

- Welche neuen Erkenntnisse habt Ihr gewonnen?
- Inwiefern hat Euch das Feedback überrascht?
- Was könnt Ihr für das nächste Mal lernen und mitnehmen?
- Was ließe sich konkret verbessern?

5.9 Team-Skill-Matrix

!

Tags

Gruppenübung, Erkenntnisgewinn, kontinuierliche Verbesserung

Lernziel

Das Ziel der *Team-Skill-Matrix* ist es, den Wissenstransfer und die Weiterentwicklung Eures Teams zu fördern. Auf spielerische Art verdeutlicht Ihr, welche Fähigkeiten und Kenntnisse Ihr in Eurem Team wirklich benötigt, wie sie momentan verteilt sind und in welchen Bereichen Entwicklungspotenzial besteht. So beseitigt Ihr Kompetenzdefizite und verbessert das Erreichen bestmöglicher Ergebnisse als Team.

Material

- Flipchart bzw. Whiteboard mit passenden Stiften
- Alternativ könnt Ihr die Matrix auch digital erstellen.

Gruppengröße

Sinnvoll ist es, wenn Ihr die *Team-Skill-Matrix* mindestens zu zweit erstellt. Mehr Feedback und Entwicklungspotenzial bietet aber ein größeres Team, mit dem Ihr auch im Arbeitsalltag zusammenarbeitet.

Dauer

Plant für die Erstellung der Matrix mindestens eine Stunde Zeit ein. Im Anschluss könnt Ihr die Matrix in Euer zyklisches Vorgehen und in Eure Retrospektiven integrieren. Die Spieldauer ist jeweils abhängig von der Anzahl der Teilnehmer und der Skills sowie dem Diskussionsbedarf in der Gruppe.

Vorbereitung

Es bedarf keiner großen Vorbereitung, um die *Team-Skill-Matrix* zu spielen. Alle Teilnehmer müssen sich aber vorab dazu bereit erklären, über einen Zeitraum von bis zu vier Monaten an der Matrix zu arbeiten. Weiterhin solltet Ihr die Matrix mit den Skill-Leveln auf einem Flipchart oder digital vorbereiten.

Wie diese Matrix aussehen könnte, seht Ihr in der App. Ihr könnt Euch die Datei auch als Vorlage per E-Mail zuschicken lassen und von Eurem Computer ausdrucken.

Die *Team-Skill-Matrix* als Vorlage

Durchführung

Die Erstellung der *Team-Skill-Matrix* nimmt einen Zeitraum von ca. drei bis vier Monaten in Anspruch. Zu Beginn des definierten Zeitraums sammelt Ihr alle Skills, also Fähigkeiten und Kenntnisse, die Ihr für die Bewältigung Eurer Projekte in der kommenden Zeit benötigt. Diese notiert Ihr auf der Matrix. Anschließend ermittelt Ihr den Status quo jeder einzelnen Fähigkeit bzw. Kenntnis pro Teammitglied. Die Ausprägung des jeweiligen Skills könnt Ihr in vier verschiedene Skill-Level unterteilen:

1. no skills (kennen)
2. basic tasks (können)
3. perform all tasks (beherrschen)
4. teach all tasks (trainieren)

Nach dem Erfassen der Level seht Ihr schnell, in welchen Bereichen Entwicklungsbedarf besteht und wo es deshalb auch bei der Bewältigung der Projekte klemmen kann. Deshalb legt Ihr im Anschluss konkrete Lernziele und dazugehörige Maßnahmen fest. Ihr solltet darauf achten, dass Ihr in regelmäßigen Iterationen Eure Fortschritte gemäß den Lernzielen überprüft und gegebenenfalls weitere Maßnahmen zur Erreichung der Ziele einleitet.

Moderations- und Reflexionsfragen

- Was habt Ihr während der vier Monate der Entwicklung empfunden?
- War Euch vorher schon bewusst, welche Skills Ihr noch weiter ausbauen könnt? Wie hat es sich angefühlt, an den Fähigkeiten und Kenntnissen zu arbeiten?
- Was könnt Ihr konkret für Euren Arbeitsalltag mitnehmen?
- Woran wollt Ihr weiterarbeiten?
- Wie schätzt Ihr die Entwicklung der anderen Teammitglieder ein?
- Was benötigt Ihr, um Euch in den definierten Punkten weiterzuentwickeln? Wobei wünscht Ihr Euch vor allem Unterstützung?

5.10 The Blame Game

Tags
Gruppenübung, Zusammenarbeit, Aha-Effekt, mit Moderator

!

Lernziel

Mit dem *Blame Game* erkennt und versteht Ihr den Einfluss von Bonus/Malus-Regelungen für Leistungen und Fehlleistungen auf die Zusammenarbeit im Team.

Material

- zwei bis vier Kartenspiele (z. B. Skatblätter)
- Spielregeln auf Papier

Gruppengröße

Um das *Blame Game* spielen zu können, benötigt Ihr acht bis vierzehn Teilnehmer, die Ihr in zwei Gruppen von dementsprechend vier bis sieben Teilnehmern aufteilt.

Dauer

Ihr benötigt ca. 20 bis 30 Minuten inklusive Vorbereitung, Durchführung und Reflexion.

Vorbereitung

In der Vorbereitung auf das *Blame Game* bildet Ihr zwei Gruppen mit je vier bis sieben Teilnehmern. Anschließend händigt Ihr den Gruppen die Spielregeln und den Arbeitsauftrag zur Durchsicht aus. Der Arbeitsauftrag lautet: »Baut eines oder mehrere Kartenhäuser.« Allerdings sollen die Teilnehmer nicht erfahren, dass nach unterschiedlichen Regeln gespielt wird. Denn während in der ersten Gruppe die Teamleistung bewertet wird, zählt in der zweiten Gruppe die Einzelleistung.

Generell gilt: Es gibt Pluspunkte für jeden Abschnitt. Ein Abschnitt besteht entweder aus zwei aneinander gelehnten Karten (/\ ) oder aus einer Karte, die einen Zwischenraum horizontal überbrückt (—). Minuspunkte erhalten die Gruppen immer dann, wenn ein Kartenhaus (teilweise) zusammenfällt, also mindestens zwei freistehende aneinander gelehnte Karten zusammenfallen.

Gruppe »Teamleistung«

So sieht die Bewertung der Teamleistung aus:

- Je Abschnitt zwei Pluspunkte, multipliziert mit der Ebene, auf der sich der Abschnitt befindet. Also gibt es vier Punkte je Abschnitt auf der zweiten Ebene und sechs Punkte auf der dritten usw.
- Zehn Minuspunkte für ein (teilweise) zusammengefallenes Kartenhaus.

Gruppe »Einzelleistung«

So sieht die Bewertung der Einzelleistung aus:

- Je Abschnitt ein Pluspunkt für den Einzelnen und ein Pluspunkt für die gesamte Gruppe, je multipliziert mit der Ebene, auf der sich der Abschnitt befindet.
- Acht Minuspunkte für denjenigen, der ein Kartenhaus (teilweise) einstürzen lässt und zwei Minuspunkte für jemand anderen aus der Gruppe, den der Bewertende selbst bestimmt.

Durchführung

Nun darf gespielt werden! Die Spielzeit für das *Blame Game* beträgt fünf Minuten. Jedes Team ist dafür verantwortlich die Plus- und Minuspunkte während der Spielzeit aufzuschreiben. Fokussiert Euch bei der Auswertung auf die Anzahl der hinzugefügten Abschnitte und darauf, wie häufig die Kartenhäuser zusammengefallen sind.

Moderations- und Reflexionsfragen

- Welche Unterschiede gab es zwischen den beiden Gruppen?
- Wie habt Ihr Euch gefühlt? Als Team oder eher als Einzelkämpfer?
- Hatten die unterschiedlichen Regeln Auswirkungen auf die Vorgehensweise und die Zusammenarbeit?
- Seht Ihr Parallelen zur Arbeitswelt?

15 pkt
7 pkt
BLAME GAME

5.11 Treasure Hunt

Tags

Kennenlernen, Teamentwicklung, Kauf, Partnerübung, Gruppenübung, Organisationsentwicklung

Lernziel

Mit *Treasure Hunt* gelingt es Euch, das Fachwissen aus Eurer Gruppe an die Oberfläche zu bringen. Ihr lernt selbst etwas Neues dazu und teilt Euer Wissen.

Material

Ein vorgefertigtes Set enthält zehn »Schatzkarten« aus Papier, Stifte und eine Anleitung. Das Tool *Treasure Hunt* von Yes! We connect könnt Ihr über die App käuflich erwerben. Zur Info: Die Bestellfunktion ist zwar in niederländischer Sprache, die Materialien und Informationen findet Ihr jedoch auf Englisch.

Treasure Hunt von Yes! We connect – Beschreibung und Bestelloption

Gruppengröße

Prinzipiell könnt Ihr *Treasure Hunt* mit einer unbegrenzten Teilnehmerzahl spielen. Pro gekauftes Set erhaltet Ihr Material für zehn Teilnehmer.

Dauer

Für das Tool solltet Ihr 30 bis 45 Minuten Spielzeit einplanen.

Vorbereitung

Bevor Ihr startet, findet Ihr Euch zu zweit oder zu dritt in Gruppen zusammen. Die Zusammensetzung der Gruppen kann zufällig erfolgen oder festgelegt werden. Jeder von Euch bekommt nun das *Treasure-Hunt*-Notizblatt ausgehängt. Dieses nutzt Ihr, um einen strukturierten Gesprächsverlauf zu gewährleisten und Euch Notizen über das Wissen und die Fähigkeiten des anderen zu machen bzw. ihm und dem Plenum Feedback darüber zu geben.

Durchführung

Erste Phase: In den ersten 25 Minuten interviewt Ihr Euch gegenseitig in Euren Kleingruppen. Arbeitet Ihr in einer Dreiergruppe, übernimmt einer von Euch die Rolle des Interviewers, der andere die des Interviewten und der Dritte schreibt Relevantes auf dem Notizzettel mit. Seid Ihr nur zu zweit, kann der Interviewer auch gleichzeitig Notizen machen. Der Notizzettel ist wie folgt aufgebaut:

- **I am the master:** Welche Dinge aus Eurem Bereich kennt Ihr in- und auswendig?
- **My fascination:** Welches Thema verfolgt Ihr aktiv in Blogs, Vorträgen oder Artikeln?
- **Count me in:** Für welches Projekt seid Ihr immer bereit mitzuarbeiten?
- **Help you out:** Wobei helft Ihr anderen gerne aus?
- **Dream job:** Mit wem würdet Ihr gerne für einen Tag die Plätze tauschen?
- **Call me anytime:** Mit welchem Thema kann man Euch jederzeit ansprechen?

Achtet darauf, dass jeder von Euch in der vorgegebenen Zeit die Rolle des Interviewten einnehmen und über sein Wissen und seine Fähigkeiten berichten kann (wenn Ihr zu dritt seid, hat jeder von Euch etwa acht Minuten Zeit).

Zweite Phase: In der zweiten Phase berichtet Ihr anhand Eures Notizzettels und spiegelt der interviewten Person, was Ihr über Sie und Ihren einzigartigen Beitrag wahrgenommen habt. Diesen könnt Ihr auf der Rückseite des Notizzettels in dem »Diamanten« festhalten. Hierfür solltet Ihr Euch fünf Minuten Zeit lassen.

Dritte Phase: In der letzten Phase teilt Ihr Eure Erkenntnisse mit der gesamten Gruppe. Dazu stellt Ihr Eure Interviewpartner und deren einzigartigen Beitrag im Plenum vor.

Moderations- und Reflexionsfragen

- War Euch bewusst, welches Know-how in der Gruppe schlummert?
- Habt Ihr Euch durch das Spiel besser und tiefer kennengelernt?
- Wie könnt Ihr die Ergebnisse und das identifizierte Know-how jetzt für Euren Arbeitsalltag einsetzen?

Quelle

Treasure Hunt wurde von Spieleentwicklern von Yes! We connect erfunden. Weitere Spiele und Bestellmöglichkeiten zu den Tools findet Ihr ebenfalls in der App.

5.12 Weitere Tools in der Dimension HR-Instrumente

Die folgende Tabelle zeigt Euch, welche weiteren Tools und Spiele aus diesem Buch auch auf die **Dimension HR** einzahlen.

Tool	Kapitel
Customer Empathy Map	1.4
Agile Challenge	4.2
Die Palme	4.6
Retro Timeline	6.7
World Café	6.11
Your Contribution to the Purpose	6.12
Moving Motivators	6.13

6 Kultur: Vertrauenskulturen schaffen

6.1 Ahaa! Democracy Wall

Tags
Transparenz, Teamentwicklung, Organisationsentwicklung, Verbesserung, aktiv zuhören

!

Lernziel

Mithilfe der *Ahaa! Democracy Wall* schafft Ihr eine informelle Kommunikationsplattform, die Euch in die Lage versetzt, frei und auf angenehme Weise miteinander zu kommunizieren, um Ideen bzw. Meinungen ohne großen Aufwand zu teilen. Die *Ahaa! Democracy Wall* hilft, Euch wechselseitig ehrliches Feedback zu geben, und schafft Vertrauen innerhalb Eurer Gruppe.

Material

- fünf große Poster (am besten aus dickem Papier)
- genügend Post-its für alle Teilnehmer

Gruppengröße

Die *Ahaa! Democracy Wall* funktioniert für eine gesamte Organisation, aber auch in einzelnen Teams.

Dauer

Für die Einführung müsst Ihr Euch zu Beginn etwas mehr Zeit nehmen, um den Teilnehmern das Tool zu erklären und es in Eurer Unternehmenskultur zu testen und zu etablieren. Einmal etabliert, ist es ein Instrument, das kontinuierlich eingesetzt wird. Manche Unternehmen haben auch sogenannte »Open Fridays« installiert, an denen sich das Management mit den Mitarbeitern austauscht (so z. B. Zalando). Ihr könnt das Tool auch in solche Veranstaltungen integrieren.

Vorbereitung

In der Vorbereitung beschriftet Ihr die fünf Poster jeweils mit einem bestimmten Thema bzw. einer Fragestellung, die in Eurem Team oder in einem jeweiligen Projekt besonders brennt. Alternativ könnt Ihr die Plakate auch z. B. mit folgenden offenen Aussagen allgemeiner gestalten:

- »Ich habe entdeckt, dass ...«
- »Ich habe bemerkt, dass ...«
- »Ich habe gefühlt, dass ...«
- »Ich habe gelernt, dass ...«
- »Ich möchte vorschlagen, dass ...«

Durchführung

Nun kann die *Ahaa! Democracy Wall* von Euch bestückt werden. Dazu schreibt Ihr Eure Ideen, Meinungen und Anregungen auf die Post-its und pinnt sie an das jeweilige Poster. Achtet dabei darauf, dass Ihr gut leserlich schreibt und nur eine Meinung je Post-it verwendet, damit es übersichtlich bleibt.

Beispiel: »Ich habe gelernt, dass wir zuerst unsere Kollegen fragen müssen, bevor wir eine HR-Anwendung entwickeln.« Es ist wichtig, dass es jemanden gibt, der sich der Punkte annimmt, die eine Frage oder einen Diskussionspunkt enthalten. Dann kann nichts unbeantwortet »im Raum schweben« und für latente Unzufriedenheit sorgen.

Moderations- und Reflexionsfragen

- Hilft Euch die Wall, um Rückmeldung über Euren Prozess zu gewinnen?
- Wie geht Ihr mit den Aussagen um? Was könnt Ihr nun verändern bzw. verbessern?
- Wie fühlt es sich an, alle Meinungen offen auf den Postern zu sehen?
- Welche Aussagen überraschen Euch?

In der Haufe-App findet Ihr weitere Open-Friday- und Open-Space-Konzepte von sipgate.

Open-Friday- und Open-Space-Konzepte

6.2 Goldfischglas

Tags

Gruppenübung, aktiv zuhören, Kommunikation

!

Lernziel

Mit dem *Goldfischglas* schafft Ihr eine lebendige und ungezwungene Atmosphäre für Diskussionen insbesondere in großen Gruppen. Sie entsteht durch die Aktivierung der Fähigkeit, aktiv zuzuhören bzw. zu beobachten. In großen Gruppen kommt es oft vor, dass nur einige wenige diskutieren und andere gar nicht zu Wort kommen oder dass die Diskussion sehr unübersichtlich wird und nicht alle alles mitbekommen. Das *Goldfischglas* ist hierbei eine gute Methode, um die Diskussion in großen Gruppen so zu strukturieren, dass alle die Möglichkeit haben mitzudiskutieren und dennoch alle die gesamte Diskussion verfolgen können.

Material

- ausreichend Stühle für die Teilnehmer
- Beobachtungsblatt

Gruppengröße

Das *Goldfischglas* kann mit bis zu 15 Teilnehmern durchgeführt werden.

Dauer

Die Spieldauer ist abhängig von der Menge und Komplexität der Themen, die Ihr einbringt. Pro Diskussionsrunde könnt Ihr aber ca. 30 Minuten einplanen.

Vorbereitung

Bereitet zuerst einen ausreichend großen Raum für Eure Gruppe vor, den ihr – bis auf die Stühle – vollkommen leerräumt. Für jeden Teilnehmer müsst Ihr einen Stuhl bereithalten. Nun ordnet Ihr die Stühle in zwei konzentrischen Kreisen, so dass im inneren Kreis diejenigen Platz finden, die diskutieren, während im äußeren die Teilnehmer sitzen, die nur beobachten und zuhören. Wichtig ist dabei, dass sich im inneren Kreis weniger Personen befinden als im äußeren. Als Richtwert könnt Ihr von vier bis fünf Teilnehmern im inneren und von bis zu 20 im äußeren Kreis ausgehen.

Legt vorab das Thema fest, das während des Spiels besprochen werden soll, und informiert Eure Teilnehmer darüber. Das Beobachtungsblatt druckt Ihr zuvor aus, so dass Ihr es den Teilnehmern zu Beginn des Spiels aushändigen könnt.

Hier findet Ihr die Vorlage für das Beobachtungsblatt. Nutzt die E-Mail-Funktion in der App, um die Vorlage auf Euren Computer zu senden und sie von dort auszudrucken.

Das Beobachtungsblatt für das Tool *Goldfischglas* – eine Vorlage für Notizen

Durchführung

Nun teilt Ihr die Mitspieler in zwei Gruppen ein. Die eine Hälfte nimmt im Kreis der Diskutierenden Platz, die andere im Kreis der Beobachtenden. Achtet darauf, dass im Beobachtungskreis die Beobachtungsblätter verteilt worden sind, damit während der Diskussion der anderen Notizen gemacht werden können. Der innere Kreis diskutiert nun für 15 Minuten über das vorab definierte Thema, während der äußere Kreis beobachtet, zuhört und Notizen macht. Nach der ersten Runde werden die Rollen getauscht. Wiederum darf 15 Minuten diskutiert werden. Nach Abschluss der beiden Diskussionsrunden dürft Ihr nun Eure Beobachtungen und Anmerkungen vergleichen, Euch dazu austauschen und berichten.

Moderations- und Reflexionsfragen

- Wie habt Ihr Euch im inneren bzw. äußeren Kreis gefühlt?
- Wie schwer ist es Euch gefallen, als Beobachter nicht in das Geschehen eingreifen zu können?
- Wie hat es sich angefühlt, die eigenen Beobachtungen mitzuteilen?
- Wie könnt Ihr das *Goldfischglas* auch in Eurem Alltag anwenden? Wobei wäre diese Tool nützlich?
- Seht Ihr einen Mehrwert in diesem Verfahren für Eure Arbeit?

Quelle

Das Spiel *Goldfischglas* basiert auf den Ideen aus dem »Facilitator's Guide to Participatory Decision-Making« von Sam Karner et al.

6.3 Market of Skills

! **Tags**

Warm-up, Einzelübung, Teamentwicklung, Organisationsentwicklung, Transparenz

Lernziel

Der *Market of Skills* hat sich zum Ziel gesetzt, das gegenseitige Kennenlernen neuer Gruppen zu beschleunigen und das Bewusstsein für die Fähigkeiten, Stärken und Entwicklungspotenziale anderer Gruppenmitglieder zu fördern.

Material

- Poster oder Flipchart-Papier für jeden Teilnehmer
- entsprechende Stifte

Gruppengröße

Sinnvoll ist eine Runde von mindestens vier bis ungefähr zehn Personen. Bei einer größeren Teilnehmerzahl kann man den *Market of Skills* in einer Art *World Café* (vgl. Kapitel 6.11) gestalten.

Dauer

In Abhängigkeit von der Teilnehmerzahl solltet Ihr eine Spieldauer zwischen 40 und 60 Minuten einplanen, damit genügend Zeit für Präsentationen und Austausch ist.

Vorbereitung

In der Vorbereitung solltet Ihr darauf achten, dass jeder von Euch ein großes Poster oder Papier zur Verfügung hat. Weiterhin solltet Ihr genügend farbige Stifte bereitlegen, so dass bunte und abwechslungsreiche Marktstände entstehen können.

Durchführung

Jeder von Euch erstellt nun innerhalb von 20 Minuten ein Poster, dass einen Marktstand mit drei Bereichen repräsentiert:

- **Erster Bereich:** Kompetenzen und Fähigkeiten, die in direkter Verbindung zu Eurem Team oder Euren aktuellen Projekten stehen und Euch weiterbringen könnten.
- **Zweiter Bereich:** Weitere Kompetenzen, die für die anderen Mitglieder – unabhängig von Aufgaben und Projekten – interessant sein könnten und nicht offensichtlich sind.
- **Dritter Bereich:** Fähigkeiten, die Ihr gerne von anderen Mitgliedern des *Market of Skills* erlernen möchtet.

Habt Ihr Eure Poster erstellt, präsentiert Ihr sie den anderen Teilnehmern.

Nach jeder Vorstellung haben die anderen Teilnehmer die Möglichkeit, Feedback zu geben und den Marktstand durch farbige Post-its zu ergänzen:

- **grüne Post-its:** Fähigkeiten, die Begeisterung auslösen
- **rote Post-its:** Fähigkeiten, die der Präsentierende vergessen hat
- **gelbe Post-its:** Hilfestellung anbieten bei Skills, die der Präsentierende gerne erlernen möchte (hier bietet es sich an, seinen Namen auf das Post-it zu schreiben)

Moderations- und Reflexionsfragen

- Inwiefern ist es Euch schwergefallen, sich gegenüber Euren Teamkollegen zu öffnen?
- Welche Erkenntnisse könnt Ihr mitnehmen?
- Wie könnte ein konkreter Plan aussehen, um die gelben Post-its weiter voranzutreiben?

Quelle

Die Originalquelle kann in dem Buch »Coaching Agile Teams« von Lyssa Adkins (2010) nachgelesen werden (siehe Literaturverzeichnis). Eine alternative Variante zu *Market of Skills* ist das Spiel *Making Introductions* von Yes! We connect, das Ihr in der App findet. Zur Info: Die Bestellfunktion ist zwar in niederländischer Sprache, die Materialien und Informationen findet Ihr jedoch auf Englisch.

Ein Alternativspiel zu *Market of Skills – Making Introductions* von Yes! We connect

6.4 Play Change

!

Tags

Gruppenübung, Reflexion, Kauf

Lernziel

Mit *Play Change* habt Ihr die Möglichkeit, Eure Organisation besser zu verstehen, neue Facetten zu entdecken und Veränderungsimpulse anzuregen.

Material

- Kartenset zu *Play Change* von intrinsify.me mit Glaubenssatz- und Bewertungskarten
- einen Tisch, an dem alle Teilnehmer Platz finden können

Gruppengröße

Play Change könnt Ihr mit bis zu sechs Teilnehmern spielen.

Dauer

30 bis 60 Minuten

Vorbereitung

Play Change besteht aus 50 Glaubenssatzkarten, die typisch für traditionell geführte Unternehmen sind. In der Vorbereitung mischt Ihr die Karten gründlich durch und legt sie in die Mitte Eures Spieltischs. Nun erhält jeder von Euch einen Satz Bewertungskarten (7 Karten).

Durchführung

Erste Spielphase: Die erste Spielphase dient dazu festzustellen, welche Glaubensätze im Unternehmen herrschen. Einer beginnt, indem er eine Karte vom Stapel nimmt und vorliest. Die Karte kann z.B. lauten: »Je mehr Meetings wir machen, desto mehr lässt sich klären.« Jeder Mitspieler stellt sich nun zunächst die Frage »Wie sehr trifft dieser Glaubenssatz in unserem Unternehmen zu? Wie sehr orientieren wir unser Verhalten willentlich oder unwillentlich an diesem Glaubenssatz?« und bewertet diese still und verdeckt mit einer Bewertungskarte auf einer Skala von 1 (»trifft überhaupt nicht zu«) bis 7 (»trifft vollständig zu«).

Dann werden die Bewertungen gleichzeitig aufgedeckt. Die Spieler mit der höchsten bzw. niedrigsten Bewertung haben nun maximal drei Minuten Zeit, Ihre Bewertung zu begründen.

Nach dieser Phase besteht wiederholt für alle die Möglichkeit, ihre Einschätzung zu dem jeweiligen Glaubenssatz mithilfe der Bewertungskarten anzupassen.

Anschließend wird der Durchschnittswert der Bewertungen gebildet. Liegt dieser bei vier oder gar höher, bedeutet dies, dass der Glaubenssatz nach Einschätzung der Teilnehmer besteht. In dem Fall geht es mit diesem Glaubenssatz in der zweiten Spielphase weiter. Liegt der Wert aber darunter, beginnt eine neue Runde der ersten Spielphase und eine neue Karte wird gezogen.

Zweite Spielphase: Sie dient der tieferen Auseinandersetzung mit den Glaubensätzen bzw. dem Suchen nach konkreten Praktiken, die im Zusammenhang mit dem identifizierten Glaubenssatz stehen. Der Spieler, der die Karte mit dem Glaubenssatz gezogen hat, wählt nun eine Praktik aus der Liste, die seiner Meinung nach im Zusammenhang mit dem Glaubenssatz steht. (Beispiele für Praktiken: Chefparkplätze, Überstundenregelung, Arbeitszeiterfassung). Nun diskutiert Ihr, wie die Praktik bei Euch im Unternehmen konkret aussieht. Anschließend stellt sich jeder die Frage »Wie sehr trifft die Aussage zu, dass diese Praktik einen Zusammenhang mit dem Glaubenssatz hat?« und bewertet diese wieder analog zur ersten Phase. Erhält eine Praktik einen Durchschnittswert, der größer oder gleich vier ist, wird mit dieser Praktik in der dritten Phase weitergespielt. Wenn nicht, wird eine weitere Praktik genauer beleuchtet und Phase zwei beginnt von vorne.

Dritte Spielphase: Die dritte Spielphase dient der Reflexion und gemeinsamen, offenen Diskussion über die Praktik. Hier geht es darum zu evaluieren, ob und in welchem Maße die Praktik nützt oder schadet und wie sie gegebenenfalls zu verändern, zu ersetzten oder abzuschaffen sei.

In dieser Phase nutzt Ihr die Reflexionskarten für eine gemeinsame, offene Diskussion über die jeweils ausgewählte Praktik. Ziel dieser Diskussion sollte es sein, sich Klarheit über die nächsten Schritte der Veränderung zu verschaffen.

Moderations- und Reflexionsfragen

- Welche Veränderungsimpulse konntet Ihr identifizieren?
- Inwieweit waren Euch die Glaubenssätze und Praktiken im Vorhinein klar? Was war neu und was nehmt Ihr mit?
- Wie wollt Ihr den Veränderungsprozess in Zukunft weiter vorantreiben?
- Inwieweit hat das Spiel Klarheit und Verständnis für Eure Organisation geschaffen?

Quelle

Play Change stammt von intrinsify.me und muss käuflich erworben werden. Eine Spielbeschreibung und die Bestellmöglichkeit findet Ihr in der App.

Play Change von intrinsify.me – Spielbeschreibung und Kaufoption

6.5 Kill a stupid rule

Tags
Gruppenübung, Kommunikation, Verbesserung, Entscheidungsfindung

Lernziel

Das Tool *Kill a stupid rule* unterstützt Euch dabei, mithilfe des Inputs und Feedbacks Eurer Mitarbeiter bzw. Eures Teams, Barrieren und Hindernisse in Form von Regeln zu identifizieren und wenn möglich zu eliminieren. Ihr lernt, offen und ehrlich Feedback zu geben, Gegebenes zu hinterfragen und gegebenenfalls zu verbessern. *Kill a stupid rule* ermöglicht auf einfache und intuitive Art, Prozesse zu prüfen und Ansätze zur Optimierung zu generieren. Ihr übt gleichzeitig, Eure Beobachtungen zu kommunizieren und konstruktiv an einer Verbesserung mitzuwirken.

Material

- Flipchart und Post-its
- alternativ: Whiteboard mit Stiften
- oder: Metaplanwand und Metaplankarten
- passende Stifte

Gruppengröße

Ihr könnt das Spiel mit einem Team von vier bis acht Teilnehmern spielen. Es ist aber auch möglich, das Tool zu erweitern und mehrere Teams zu bilden.

Dauer

Plant je nach Gruppengröße 30 bis 60 Minuten ein.

Vorbereitung

Zunächst bereitet Ihr ein Flipchart oder wahlweise ein Whiteboard bzw. eine Metaplanwand mit der *Kill a stupid rule*-Matrix vor. Die Y-Achse ist dabei mit der Umsetzungsschwierigkeit (von »leicht« bis »hoch«) einer bestimmten Regel im Unternehmen und die X-Achse mit der Wirkungskraft dieser Regel (von »leicht« bis »hoch«) beschriftet. Nun versorgt Ihr die Spielteilnehmer noch mit genügend Post-its bzw. Metaplankarten und schon kann es losgehen.

Hier bekommt Ihr eine Vorstellung davon, wie die Matrix aussehen kann. Zum Ausdrucken könnt Ihr Euch die Matrix per E-Mail auf Euren Computer schicken.

Die Matrix zu *Kill a stupid rule*

Durchführung

Kill a stupid rule startet mit der Brainstorming-Frage: »Wenn Du irgendeine Regel in Deiner Organisation verändern oder eliminieren (»killen«) könntest, was würdest Du tun und warum?« Haltet in jedem Fall zuerst fest, welche Regeln unveränderbar sind und bleiben, etwa weil es sich um gesetzliche Regelungen handelt oder es illegal wäre, sie zu verändern (»rote« Regeln), und bei welchen Regeln es völlig in Ordnung ist, sie zu hinterfragen (»grüne« Regeln). Nach 20 bis 30 Minuten Brainstorming werdet Ihr bereits viele interessante und überraschende Aspekte gefunden haben, bei denen häufig gar nicht bekannt war, dass sie Euch bei der Arbeit behindern oder hemmen. Oft ist festzustellen, dass dies gar keine Regeln im eigentlichen Sinne sind, sondern Prozesse, institutionalisierte Annahmen usw. Im zweiten Schritt haltet Ihr nun Eure Regeln, die Ihr unbedingt ändern möchtet, auf einem Post-it bzw. einer Metaplankarte fest und ordnet Sie an der Wand in die Entscheidungsmatrix ein. Besonders über Regeln, die eine große Wirkungskraft haben, sich aber leicht umsetzen lassen, solltet Ihr nun ausführlich diskutieren. Mithilfe der Entscheidungsmatrix lassen sich die akuten Handlungsbedarfe identifizieren. So könnt Ihr einen Grundstein für einen nachhaltigen Veränderungsprozess legen.

Moderations- und Reflexionsfragen

- Wie hat es sich angefühlt, Eure Regeln und Prozesse zu hinterfragen?
- Ist es Euch leichtgefallen, das Gegebene zu hinterfragen?
- Inwiefern war Euch vorher bewusst, dass es diese Regeln oder Prozesse sind, die Euch in Eurem Alltag behindern?
- Wie könnte ein Ansatz zur Optimierung und Verbesserung aussehen?
- Was nehmt Ihr konkret für Euren Arbeitsalltag mit?

Quelle

Kill a stupid rule stammt von Lisa Bodell. Sie ist CEO von futurethink und Buchautorin.

6.6 Taxizentrale

!

Tags

Gruppenübung, Kommunikation, Vertrauen, Reflexion, aktiv zuhören, einmalig

Lernziel

Mit der *Taxizentrale* fördert Ihr (Führungs-)Kommunikation und Vertrauen in Eurem Team.

Material

- Stühle
- Stadtplan für den Taxifahrer
- Stadtplan für die Taxizentrale (dieser ist gedreht, gespiegelt und gezoomt)

Gruppengröße

Wichtig ist nur, dass Ihr zwei oder drei Teilnehmer in einer Spielgruppe seid (immer zwei Personen spielen, der dritte kann als Beobachter fungieren). Die Anzahl der einzelnen Spielgruppen kann beliebig groß sein.

Dauer

Ihr solltet 30 bis 45 Minuten je nach Reflexionsintensität einplanen.

Vorbereitung

In der Vorbereitung auf die *Taxizentrale* setzt Ihr Euch zunächst paarweise auf Stühlen zusammen. Platziert die Stühle so, dass Ihr Rücken an Rücken sitzen könnt. Dabei solltet Ihr darauf achten, dass Ihr keinen Blickkontakt zueinander habt und der Abstand zu den nächsten Paaren groß genug ist. Einer von Euch übernimmt im Spiel dann die Rolle des Taxifahrers, der andere stellt die Taxizentrale dar. Der Taxifahrer bekommt den Stadtplan »*Taxifahrer*«, die Taxizentrale den Stadtplan »*Taxizentrale*«.

Wichtig: Die Paare wissen nicht, dass Ihre Stadtpläne nicht identisch sind.

Eine Vorlage für die Stadtpläne findet Ihr in der App. Zum Herunterladen und Ausdrucken könnte Ihr Euch die Vorlage einfach per E-Mail auf Euren Computer schicken lassen.

Stadtpläne für die *Taxizentrale* – Vorlagen zum Download

Durchführung
Das Spiel startet mit folgender Instruktion:

»Stellt Euch vor, Ihr seid in Berlin und arbeitet bei einem Taxiunternehmen. Es kommt ein Auftrag rein und der Taxifahrer soll einen Fahrgast abholen. Da er sich aber noch nicht so gut auskennt, benötigt er die Hilfe der Taxizentrale, um den Standort des Fahrgastes zu finden. Da Ihr die Stadtpläne Eures Partners nicht sehen könnt, muss die Zentrale dem Taxifahrer nun den Weg zum Ziel beschreiben.«

Was am Anfang so einfach erscheint, birgt einige Komplikationen. Zum einen durch die unterschiedlichen Stadtpläne, zum anderen durch die Tatsache, dass zwar der Bahnhof als Startpunkt (X) bei beiden gekennzeichnet ist, nicht jedoch der Endpunkt (Platz Nr. 4).

Moderations- und Reflexionsfragen

- Wie lief die Kommunikation ab?
- Wie hat es sich angefühlt, den anderen nur zu hören, ohne dabei den Stadtplan sehen zu können?
- Wie habt Ihr Missverständnisse aus dem Weg geräumt?
- Wie habt Ihr eine gemeinsame Lösung gefunden?
- Welche Erkenntnisse zieht Ihr daraus für Euren Führungsalltag?
- Was sagt Euch das im Hinblick auf die Kommunikation interdisziplinärer Teams?

Quelle

Das Tool stammt aus dem Trainings- und Methodenhandbuch des Diakonischen Werks Württemberg. Die Stadtpläne wurden adaptiert und neu gestaltet.

6.7 Retro Timeline

Tags
Gruppenübung, Kommunikation, Konflikt, Zusammenarbeit, Reflexion, Retrospektive

!

Lernziel
Mit der *Retro Timeline* könnt Ihr die Gefühlslagen aller Teammitglieder sichtbar machen, um dann gemeinsam darüber zu sprechen und Lösungen zu finden.

Material

- Post-it-Zettel
- Klebepunkte
- Metaplanwand inklusive Papier oder Whiteboard
- Stifte

Gruppengröße
Das Tool eignet sich für sechs bis zehn Teilnehmer.

Dauer
Die *Retro Timeline* erstellt Ihr für die Länge eines Sprints. Nehmt Euch für die Erstellung und Diskussion der *Timeline* ca. 45 bis 60 Minuten Zeit.

Vorbereitung
Skizziert auf einer Metaplanwand oder einem Whiteboard mittig eine X-Achse und tragt die Tage des Betrachtungszeitraums ein (fokussiert Euch auf zwei bis maximal vier Wochen). Die Y-Achse verläuft vom negativen Bereich (also unterhalb der X-Achse) über neutral (Schnittpunkt mit der X-Achse) bis in den positiven Bereich.

Durchführung
Nun könnt Ihr mit der *Timeline* starten und Eure Stimmungslage innerhalb des Teams zu dem festgelegten Zeitpunkt auf der Metaplanwand bzw. dem Whiteboard visualisieren. Achtet darauf, dass Ihr sowohl positive als auch negative Ausschläge innerhalb Eures Teams visualisiert. Beginnt damit, dass jeder von Euch seinen persönlichen Graphen auf dem Board anzeichnet. Anschließend habt Ihr die Möglichkeit, zu Euren extremen Ausschlägen (ob positiv oder negativ) Ereignisse auf Post-its zu notieren und an die entsprechende Stelle zu hängen. Beschränkt Euch auf wenige Ereignisse, also z.B. maximal drei oder gegebenenfalls zwei positive und zwei negative Ereignisse.

Im nächsten Schritt legt Ihr in einer Bewertungsrunde fest, welche Themen nun gemeinsam ausführlicher besprochen werden sollen. Dazu hat jeder von Euch drei Stimmen in Form von Klebepunkten, die er an die jeweiligen Ergebnisse heften darf. Falls notwendig, klärt Verständnisfragen zu den auf den Post-it-Zetteln notierten Ereignissen. Die Themen mit den meisten Punkten können nun in Eurer Gruppe gemeinsam diskutiert werden. Um konkrete Maßnahmen ableiten zu können, vereinbart zu zwei der diskutierten Themen Maßnahmen und benennt jemanden aus dem Team, der die Umsetzung sicherstellt.

Meist geht es bei den positiven und negativen Ausschlägen um Dinge, die fachlich mit dem Projekt bzw. dem letzten Sprint zu tun haben. Manchmal sind es aber genau die nichtfachlichen Themen, die für Hoch- oder Tiefpunkte gesorgt haben. Lasst ruhig auch diese zu. Je transparenter der Umgang im Team ist, desto leichter wird diese Methode fallen.

Moderations- und Reflexionsfragen

- Was ist passiert?
- Warum?
- Wie fühlt Ihr Euch dabei?
- Welche Lösungsmöglichkeiten seht Ihr?
- Welche konkreten Maßnahmen könnt Ihr daraus ableiten?

Quelle

Die Retro *Timeline* stammt von der Seibert Media GmbH. In der App findet Ihr hilfreiche Praxisbeispiele zur *Timeline*.

Die *Timeline* in agilen Retrospektiven – Beispiele aus der Praxis

6.8 Systematisches Konsensieren

Tags
Entscheidungsfindung, Zusammenarbeit, Konflikt

!

Lernziel

Systematisches Konsensieren eröffnet Euch einen neuen Weg, um gemeinsam Entscheidungen zu finden bzw. vorzubereiten. Ziel ist es, in einem kreativen Prozess zusammen einen Konsens zu erarbeiten und eine Entscheidung zu fällen, die die größtmögliche Übereinstimmung bzw. den geringsten Widerstand in Eurer Gruppe findet und von allen Mitgliedern getragen wird. Vor allem in Konfliktsituationen ist dieses Tool besonders hilfreich.

Material

- Flipchart und Stifte
- oder: ein Whiteboard mit entsprechenden Stiften

Gruppengröße

Die Gruppengröße für das Tool *Systematisches Konsensieren* könnt Ihr frei wählen. Achtet aber darauf, dass die Teilnehmer Berührungspunkte und Themen haben, für die sie gemeinsam eine Entscheidung finden wollen.

Dauer

Die Spieldauer ist abhängig von der Anzahl Eurer Teilnehmer und der Komplexität der Themen, für die Ihr eine Entscheidung finden wollt.

Vorbereitung

Gestaltet im Vorhinein eine Matrix auf Eurem Board, die Ihr wie folgt aufbaut: Die X-Achse repräsentiert die einzelnen Vorschläge zur Entscheidungsfindung. Diese Spalten lasst Ihr noch frei und erarbeitet sie gemeinsam in der Durchführung. Auf der Y-Achse notiert Ihr die Namen derjenigen, die an der Diskussion beteiligt sind. In den einzelnen Kästen können dann später die Punkte für die jeweiligen Vorschläge eingetragen werden.

In der App bekommt Ihr eine visuelle Vorstellung von der Tabelle zum *systematischen Konsensieren*. Scannt das folgende Bild, um zu sehen, wie die Tabelle aufgebaut ist und wie sie angewendet wird.

Die Tabelle zum *systematischen Konsensieren*

Durchführung

Habt Ihr Euch auf ein gemeinsames Thema bzw. Problem geeinigt (möglicherweise stand dies schon im Vorhinein fest), könnt Ihr damit beginnen, Vorschläge für Lösungswege bzw. die Entscheidung zu sammeln. Diese tragt Ihr dann einzeln in die oberen Spalten der X-Achse ein. Habt Ihr alle relevanten Vorschläge gesammelt, verteilt jeder von Euch für jeden Vorschlag sogenannte Widerstandsstimmen (W-Stimmen) auf einer Skala von null (»gar kein Widerstand«) bis zehn (»absoluter Widerstand«).

Die jeweiligen Werte tragt Ihr dann pro Person und Vorschlag in den Kästchen auf Eurem Board ein. Ist diese Phase abgeschlossen, bildet Ihr für jeden Vorschlag die Summe der W-Stimmen und tragt sie unten als Ergebnis ein. Nun seht Ihr auf einen Blick, welcher Vorschlag den geringsten Widerstand in der Gruppe erzeugt hat. Dieser Vorschlag »gewinnt« das Rennen, da er von allen getragen wird, das geringste Konfliktpotenzial birgt und der Problemlösung bzw. dem Konsens am Nächsten kommt.

Moderations- und Reflexionsfragen

- Wie habt Ihr Euch dabei gefühlt, keine Zustimmungs- sondern Widerstandsstimmen zu verteilen?
- Wie bewertet Ihr diese Methode?

- Wie zufrieden seid Ihr mit dem Ergebnis?
- Für welche Themen ist das *systematische Konsensieren* möglicherweise nicht geeignet?

Quelle

Weiterführende Informationen findet Ihr auf der Homepage des SK-Prinzips: http://www.sk-prinzip.eu/. In der App haben wir zudem ein Video zum *systematischen Konsensieren* bereitgestellt.

6.9 Universe of Culture

!

Tags

Aha-Effekt, Kauf, Gruppenübung, mit Moderator, einmalig, Innovation

Lernziel

Mit dem Spiel *Universe of Culture* sensibilisiert Ihr Euch und Euer Team für den agilen Wandel. Ihr lernt und versteht, dass ein gemeinsames Verständnis von agilen Werten unabdingbar ist und wie Ihr dieses Verständnis zur Verbesserung Eurer Zusammenarbeit in selbstorganisierten Teams nutzen könnt. Außerdem erfahrt Ihr, wie wichtig es ist, dass wirkungsvolle Kommunikation in Eurem Unternehmen stattfindet, um erfolgreich am Markt bestehen zu können.

Material

Universe of Culture ist ein Brettspiel vergleichbar mit »Mensch ärgere Dich nicht«. Auf dem Spielbrett ist ein kreisförmiges Feld abgebildet, das, dem Titel des Spiels entsprechend, in einem abstrakten Galaxie-Design gehalten ist. Neben dem Spielbrett gehören zu einem Spielset Figuren, Würfel und Steine aus Plastik.
Eine Spielbox beinhaltet drei Spielsets. Es muss käuflich erworben werden.

Gruppengröße

Das Spiel ist für eine Gruppengröße von 9 bis 24 Personen ausgelegt. Diese werden in drei etwa gleich große Gruppen aufgeteilt. Eine Durchführung des Spiels mit mehr als drei Gruppen (bei gleicher Gruppengröße) ist möglich. Hierfür ist allerdings mehr als eine Spielbox erforderlich.

Dauer

Eine Spielrunde von *Universe of Culture* dauert zehn Minuten. Typischerweise werden insgesamt fünf Runden gespielt.

Vorbereitung

Universe of Culture wird als Turnier gespielt. Ihr teilt Euch in drei etwa gleich große Gruppen von je drei bis acht Personen auf. Der Moderator von Euch verteilt drei Spielsets auf drei Tische. Eine räumliche Trennung der Tische (z. B. mit Metaplanwänden) ist sehr hilfreich, jedoch nicht zwingend erforderlich. Es sollte aber darauf geachtet werden, dass sich die Spielgruppen gegenseitig nicht gut sehen können. Anschließend gebt Ihr den Spieltischen jeweils eine Nummer von eins bis drei. Auf jedem Tisch befindet sich nun: ein Spielbrett, ein Würfel, acht mal vier Spielfiguren (in unterschiedlichen Farben), Spielanleitungen und ausreichend Spielsteine (»Energiesteine«). Wichtig ist, dass die Spielanleitungen zu Beginn des Spiels verdeckt auf den Tisch gelegt werden.

Durchführung
Der Moderator führt zu Beginn in das Spiel ein und macht den Grundsatz des Turniers klar: Es darf ab sofort nicht mehr gesprochen werden. Nur nonverbale Kommunikation (Gesten, Mimik usw.) ist noch erlaubt. Auch Laute oder Töne sind nicht gestattet. Danach macht Ihr deutlich, dass das Spiel im Wesentlichen wie »Mensch ärgere Dich nicht« funktioniert. Allerdings wurden, da es sonst zu einfach wäre, die Regeln leicht angepasst. Ziel des Spiels ist es, möglichst viele Energiesteine zu sammeln.

Dann weist der Moderator jeder Gruppe jeweils einen Tisch zu und gibt fünf bis sieben Minuten Zeit, damit die Spieler die Spielanleitungen lesen und das Spiel kurz ausprobieren können.

Nach den fünf bis sieben Minuten sammelt der Moderator alle Spielanleitungen wieder ein und das Turnier beginnt. Eine Spielrunde dauert jeweils zehn Minuten. Die Teilnehmer spielen gemäß der bekannten Anleitung. Nach jeder Spielrunde wechseln die Teilnehmer nach folgender Logik die Tische: Der Sieger geht zur nächsthöheren Tischnummer, der Verlierer zur nächstniederen. Die anderen Spieler bleiben am bisherigen Tisch. Jede Spielrunde ist in sich geschlossen, d. h. es werden keine Energiesteine in die nächste Spielrunde übertragen. Es können bis zu fünf Spielrunden gespielt werden. Häufig ist jedoch bereits nach drei Runden die Kernaussage des Spiels verstanden. Nach Abschluss des Turniers reflektiert Ihr mit den Teilnehmern den Verlauf des Turniers und die Lerneffekte.

Der Clou dieses Spiels ist: Alle drei Tische haben unterschiedliche Regeln! Das stellen die Teilnehmer jedoch erst beim Spielen fest.

Eine alternative Spielbeschreibung stammt aus dem Personalmagazin und kann hier nachgelesen werden.

Universe of Culture im Personalmagazin – Spielbeschreibung und Nutzen

Wenn Ihr Euch anschauen wollt, wie das Spiel in der Praxis aussehen kann, findet Ihr in der App darüber hinaus Bilder aus einem Training von der HR Pioneers GmbH sowie die Bestellmöglichkeit.

Moderations- und Reflexionsfragen

- Wie ist das Spiel verlaufen?
- Wann habt Ihr die unterschiedlichen Spielanleitungen im Spiel bemerkt?
- Wie habt Ihr beobachtet, interpretiert und reagiert?
- Was habt Ihr im Umgang miteinander empfunden? Habt Ihr Euch als Verlierer, Sieger, Einhalter oder auch Missachter von Regeln empfunden?
- Was lässt sich über Regeln und deren Funktionalität sagen?
- Als wie wichtig schätzt Ihr gemeinsame Werte und Regeln ein, nachdem Ihr *Universe of Culture* gespielt habt?

Quelle

Universe of Culture entstand als Gemeinschaftsprojekt von Scalamento, Forty Games und der Universität Nürnberg. Es wurde als Teambuilding-Spiel konzipiert und basiert auf dem Klassiker »Mensch ärgere Dich nicht«, weshalb die Grundzüge des Spiels rasch verstanden werden können. Das Spiel kostet derzeit ca. 90 Euro und kann auf Anfrage an info@scalamento.de bestellt werden.

6.10 Tower of Preference

Tags
Warm-up, Kennenlernen, Gruppenübung, Aha-Effekt, Spaßfaktor, aktiv zuhören

!

Lernziel
Der *Tower of Preference* adaptiert die Idee des Jenga-Turms und nutzt sie als Eisbrecher für Kennenlernrunden oder als Eröffnungsspiel. Der Jenga-Turm ist ein Geschicklichkeitsspiel, bei dem einzelne Bausteine aus einem aus Holzblöcken zusammengebauten Turm herausgezogen werden müssen, ohne dass dieser einstürzt. Bei dem *Tower of Preference* geht es ebenfalls darum, so viele Holzblöcke wie möglich aus dem Turm zu ziehen und dabei die Fragen auf den Holzblöcken zu beantworten.

Material
Ein Set beinhaltet einen adaptierten Jenga-Turm sowie eine Spielanleitung. Das Material kann auf Englisch und Niederländisch bestellt werden. Scannt dazu einfach das nachfolgende Bild mit Eurer App. Dort findet Ihr eine Beschreibung des Tools sowie die Bestellmöglichkeit. Zur Info: Die Bestellfunktion ist zwar in niederländischer Sprache, die Materialien und Informationen findet Ihr jedoch auf Englisch.

Gruppengröße
Empfehlenswert ist eine Gruppengröße von zwei bis zehn Personen.

Dauer
Die Dauer des Spiels hängt davon ab, wie schnell Ihr den Turm zum Einstürzen bringt. Meistens dauert es aber ca. 15 bis 30 Minuten. Ihr könnt auch mehrere Runden spielen.

Vorbereitung
Bevor Ihr mit dem Spiel startet, errichtet den Jenga-Turm auf einem Tisch und versammelt Euch als Gruppe um den Tisch. Achtet bei dem Turmbau darauf, dass Ihr die Holzblöcke immer in Dreierblöcken übereinanderstapelt.

Der *Tower of Preference* von Yes! We connect – Beschreibung und Bestelloption

Durchführung

Nachdem Ihr den Turm aufgebaut habt, löst jeder von Euch der Reihe nach einen Holzblock aus dem Turm – ohne dass dieser zu Fall kommt. Auf den jeweiligen Blöcken findet Ihr Fragen in Form von Gegensätzen aus fünf Themengebieten:

- Essen & Trinken
- Reisen
- Arbeit
- persönliche Vorlieben
- Charakter

Ein Beispiel für ein mögliches Gegensatzpaar aus dem Themengebiet »Reisen« ist die Frage danach, ob Ihr Euren Urlaub an bekannten Orten verbringt oder lieber neue Dinge entdeckt. Wahlweise kann auch ein Moderator nach jedem gezogenen Stein eine Frage stellen. Hat sich der Teilnehmer im Beispiel für »bekannte Orte« entschieden, könnte der Moderator z.B. nach dem liebsten Reiseort fragen und danach, was ihm daran so gefällt. Nachdem Ihr die Frage beantwortet habt, legt Ihr Euren Holzblock zurück auf die oberste Ebene des Turms, die vom nächsten Spieler nicht berührt werden darf. Das Spiel ist vorbei, wenn der Turm einstürzt. Der Gewinner ist derjenige von Euch, der als Letztes einen Holzblock abgelegt hat, bevor der Turm gefallen ist.

Schaut Euch in einem Video an, wie das Tool in der Praxis funktioniert, und seht, wie viel Spaß es macht, den *Tower of Preference* mit Eurem Team zu spielen. Scannt dazu einfach die Abbildung zu diesem Tool.

Moderations- und Reflexionsfragen

- Welche neuen Erkenntnisse habt Ihr gewonnen? Was habt Ihr über Eure Kollegen gelernt?
- Wie könnt Ihr dieses Spiel in Euren Arbeitsalltag integrieren?
- Wo seht Ihr Vorteile in der Nutzung des Tools?

Quelle

Der Jenga-Turm in seiner bekannten Version wurde von Leslie Scott im Jahre 1989 erfunden. Die Spieleentwickler von Yes! We Connect haben diese Idee für den Arbeitsalltag adaptiert.

6.11 World Café

!

Tags

Großgruppe, Kommunikation, Kennenlernen, Kreativität, interdisziplinäre Teams

Lernziel

Das *World Café* eignet sich besonders, um neue Ideen und Themen mit einer großen Gruppe zu erarbeiten. Ziel ist es, mit allen Teilnehmern ins Gespräch zu kommen und das Wissen und die Erfahrung aus der gesamten Gruppe zu nutzen und zu verbreiten.

Material

- normale Tische, Caféhaustische oder Stehtische
- »Speisekarte« (Handlungsanleitung)
- »Tischdecke« (als Schreibunterlage zum Festhalten der Ideen)
- »Tischbesteck« (Stifte und Marker)
- Musik, Getränke, Snacks, Kuchen usw.
- Flipcharts oder Metaplanwände sowie entsprechende Stifte

Gruppengröße

Im Prinzip gibt es keine festgelegte Teilnehmerzahl. Das *World Café* ist aber vor allem bei Großgruppen ab 50 Teilnehmern sinnvoll, um das Wissen und die Ideen strukturiert unter den Mitspielern zu teilen.

Dauer

Es handelt sich um ein Spiel, dessen Durchführung bis zu zwei Stunden dauern kann. Sollten vorab die Themen feststehen, könnt Ihr anhand der Anzahl der Themen und Teilnehmer die Zeit festlegen. Erfahrungsgemäß ist eine Tischrunde mit 20 Minuten sinnvoll, bei drei Runden benötigt Ihr also 60 Minuten. Wenn die erarbeiteten Inhalte am Ende vorgestellt werden sollen, solltet Ihr dafür noch einmal pro Thema ca. zwei bis fünf Minuten einplanen.

Vorbereitung

Verteilt vorab ausreichend Tische (oder Stehtische) im Raum und achtet darauf, dass sie genügend Abstand voneinander haben. Der Abstand zwischen den Tischen sollte groß genug sein, damit die einzelnen Gruppen später in Ruhe über die jeweiligen Themen diskutieren können. Weiterhin stattet Ihr die Tische mit den oben genannten Utensilien aus, so dass an jedem Tisch die Ideen auf der Tischdecke festgehalten werden können.

Bevor Ihr startet, solltet Ihr zudem festlegen, welche Themen Ihr zusammen diskutieren wollt. Entweder stehen die Themen im Vorfeld schon fest oder Ihr legt die Themen gemeinsam vor Beginn des *World Cafés* fest. Dazu stellt jeweils eine Person Ihr Thema vor. (Diese übernimmt dann meist auch die Rolle des Gastgebers am Tisch.) Nun verteilt Ihr die Themen auf die Tische.

Durchführung

Das *World Café* wird in mehreren Runden gespielt. In jeder Runde findet Ihr Euch an Tischen mit Themen zusammen, die Euch interessieren und bei denen Ihr gerne mitdiskutieren möchtet. Ihr könnt auch zur Bearbeitung der Tischthemen Flipcharts oder Metaplanwände verwenden. Nach 20 Minuten an einem Tisch verteilt Ihr Euch neu im Raum und schließt Euch anderen »Thementischen« an. Wichtig ist nur, dass ein »Gastgeber« an dem jeweiligen Tisch zurückbleibt, um die Ergebnisse der letzten Runde an die neue Gruppe heranzutragen. So werden Ideen, Wissen und Perspektiven kontinuierlich unter Euch geteilt und weiterentwickelt. Wenn alle Runden durchgespielt sind, findet eine Vernissage der Thementische statt. Gemeinsam schaut Ihr Euch jedes Thema noch einmal an und haltet die wichtigsten Erkenntnisse schriftlich fest (z. B. am Flipchart). So kann das Wissen tatsächlich gespeichert und weitergetragen werden.

Moderations- und Reflexionsfragen

- Hat Euch das *World Café* einen Mehrwert gebracht? Wo seht Ihr Vorteile?
- Habt Ihr außergewöhnliche Lösungen gefunden, die sonst nicht entstanden wären?
- Wie konkret sind Eure Lösungen? Könnt Ihr die Maßnahmen direkt anwenden?
- Inwiefern seid Ihr mit Menschen in Kontakt gekommen, die Ihr noch gar nicht kanntet?

Quelle

Das Tool zur Durchführung von Großgruppenkonferenzen wurde von den US-amerikanischen Unternehmensberatern Juanita Brown und David Isaacs entwickelt.

6.12 Your Contribution to the Purpose

! **Tags**

Kennenlernen, Kauf, aktiv zuhören, Vertrauen

Lernziel

Your Contribution to the Purpose ist ein Tool, mit dem Ihr Euren Beitrag für die Organisation – in Relation zu den großen Unternehmenszielen – definieren und teilen könnt. So stärkt Ihr die Beziehungen und konstruktive Zusammenarbeit innerhalb Eures Teams.

Material

Das Tool *Your Contribution to the Purpose* könnt Ihr von Yes! We connect käuflich erwerben. In der App findet Ihr eine Beschreibung des Spiels und die Bestelloption. Zur Info: Die Bestellfunktion ist zwar in niederländischer Sprache, die Materialien und Informationen findet Ihr jedoch auf Englisch.

smARt HAUFE.

Your Contribution to the Purpose von Yes! We connect – Beschreibung und Bestelloption

Ein Set enthält:

- Einsatzkarten, Sticker, Stifte für zehn Personen sowie eine Spielanleitung
- Metaplanwand und Pins
- oder: Klebeband, um die Karten an die Wand zu hängen

Gruppengröße

Die Gruppengröße für das Tool ist prinzipiell unbegrenzt. Bestellt Ihr ein Set über die App, erhaltet Ihr Material für zehn Personen.

Dauer

Für das Tool *Your Contribution to the Purpose* solltet Ihr erfahrungsgemäß ca. 45 bis 90 Minuten einplanen.

Vorbereitung

Findet Euch in Zweierteams zusammen und stattet Euch mit den *My-Purpose*-Karten und Stickern aus.

Durchführung

Nun könnt Ihr mit einem jeweils zehnminütigen Interview in Euren Zweierteams starten. Macht Euch dabei Notizen über die individuellen Beiträge und haltet sie auf den My-Purpose-Karten fest. Nehmt Euch anschließend ca. fünf Minuten Zeit, um Eure Notizen zu überarbeiten und sie in Relation zu den Unternehmenszielen zu setzten. Dann fügt Ihr den Wertesticker hinzu, auf den Ihr Euch bezieht (insgesamt gibt es zwölf unterschiedliche Wertesticker, z.B. persönliche Entwicklung, Teamwork, Stabilität, Effizienz, Humor usw.). Am Schluss präsentiert Ihr Eure fertiggestellten Karten im Plenum und pinnt sie gesammelt an eine Wand. Dabei könnt Ihr Euch an folgenden Fragen orientieren:

- Worauf seid Ihr besonders stolz?
- Wozu könnt Ihr jederzeit einen Beitrag leisten?

Abschließend könnt Ihr Eure Wand nach den jeweiligen Themen der Sticker sortieren. Vielleicht erkennt Ihr ein Muster der Themen.

Moderations- und Reflexionsfragen

- Was habt Ihr über die Beiträge Eurer Kollegen gelernt? Was war neu?
- Wurden alle Wertesticker abgedeckt? Wenn nicht, woran könnte das liegen?
- Welche Themen wurden vermehrt bearbeitet?
- Wie geht Ihr mit dem Ergebnis um? Wie könnt Ihr es in den Arbeitsalltag integrieren?
- Welche Veränderungen ergeben sich daraus in der Ausrichtung Eures Unternehmens?

Quelle

Die Spieleerfinder von Yes! We connect haben *Your Contribution to the Purpose* entwickelt.

6.13 Moving Motivators

! Tags
Teamentwicklung, Kauf, Gruppenübung, Vertrauen

Lernziel

Mit den *Moving Motivators* findet Ihr heraus, wie Eure Kollegen »ticken« und was sie antreibt. Nutzt Ihr das Tool im ganzen Team, bekommt Ihr ein wechselseitiges Verständnis davon, was Euch motiviert und wie sich Veränderungen auf diese Motivation auswirken.

Material

Ihr benötigt ein Set der *Moving-Motivators*-Spielkarten pro Teilnehmer, die über die App hier erwerben könnt. Dort findet Ihr auch ein Erklärvideo zum Spiel.

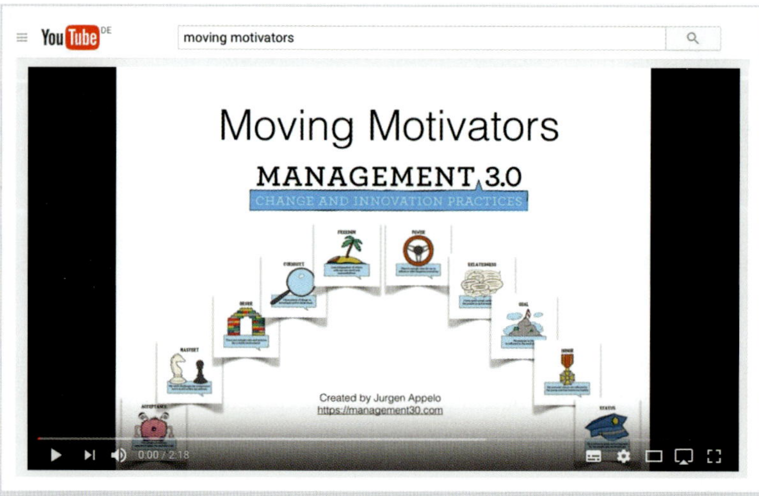

Moving-Motivators-Spielkarten – Beschreibung und Bestellmöglichkeit

Ein Set enthält zehn Karten mit verschiedenen Motivatoren. Achtet darauf, dass jeder von Euch genügend Platz an einem großen Tisch findet. Bei einer höheren Teilnehmerzahl braucht Ihr möglicherweise mehrere Tische.

Gruppengröße

Empfehlenswert ist eine Teamgröße von mindestens zwei bis maximal acht Personen.

Dauer

Je nach Teilnehmerzahl solltet Ihr ca. 45 bis 60 Minuten für die Durchführung der *Moving Motivators* einplanen.

Vorbereitung

Bevor Ihr startet, teilt Ihr jedem Spielmitglied ein Set der *Moving-Motivators*-Karten aus. Ein Set beinhaltet jeweils zehn Karten, die verschiedene Motivatoren beschreiben:

- Neugierde (curiosity)
- Werte (honor)
- Akzeptanz (acceptance)
- Können (mastery)
- Einfluss (power)
- Freiheit (freedom)
- Zugehörigkeit (relatedness)
- Ordnung (order)
- Ziel (goal)
- Status (status)

Nehmt Euch vor dem Start etwas Zeit, um die Karten anzusehen und zu verstehen. So soll ein gemeinsames Verständnis der Motivationskarten gewährleistet werden.

Durchführung

Achtet beim Start darauf, dass Ihr genug Platz habt, um Eure Karten in einer Reihe vor Euch legen zu können.

Erste Phase: Jeder von Euch ordnet nun in Stillarbeit seine Motivationskarten horizontal auf dem Tisch an: rechts der wichtigste Motivator, links der unwichtigste. Nehmt Euch ca. 15 Minuten Zeit dafür, Eure eigene Priorisierung durchzuführen. Anschließend stellt Ihr Euch die Anordnung Eurer Karten kurz gegenseitig vor. Dafür hat jeder von Euch zwei Minuten Zeit.

Zweite Phase: In der nächsten Phase simuliert Ihr eine Veränderung in Eurer Organisation. Mögliche Veränderungen wären z. B. die Einführung von Scrum, eine Neuordnung von Teams, ein Umzug usw. Nehmt Euch nun weitere zehn Minuten Zeit, um über die Rangfolge Eurer Motivationskarten nachzudenken. Ihr bewertet, ob sich die Veränderung positiv oder negativ auf einen bestimmten Motivator auswirkt. Dementsprechend schiebt Ihr Eure Karten bei einer negativen Veränderung nach unten, bei einer positiven nach oben. Anschließend habt Ihr wieder zwei Minuten Zeit, um Eure Rangfolge zu erläutern.

Im Video könnt Ihr Euch anschauen, wie das Spiel in der Praxis aussieht. Das findet Ihr ebenfalls in der App.

Moderations- und Reflexionsfragen

- Wie habt Ihr Euch bei der Übung gefühlt? Was fiel Euch schwer, was leicht?
- Was habt Ihr über Euch und übereinander gelernt?
- Wie hilft das Tool im Arbeitsalltag?
- Wie geht Ihr mit dem Ergebnis weiter vor? Wo besteht Handlungs- bzw. Entwicklungsbedarf?

Quelle

Jurgen Appelo erfand *Moving Motivators*, um die Motivation von Teams und dessen Wirkung auf die organisationalen Veränderungen zu thematisieren. Die *Moving-Motivators*-Übung basiert auf den zehn intrinsischen Wünschen, die in den Werken von Daniel Pink, Steve Reiss und Edward Deci herausgearbeitet werden.

6.14 Weitere Tools in der Dimension Kultur

Die folgende Tabelle zeigt Euch, welche weiteren Tools und Spiele aus diesem Buch auch auf die **Dimension Kultur** einzahlen.

Tool	Kapitel
Triple Nickles	1.9
Chair Game	2.1
Ruck Zuck	2.3
Domino Effect	3.4
Storypointopoly	3.12
Agile Challenge	4.2
Start Doing – Keep Doing – Stop Doing	4.3
Die Palme	4.6
Johari-Fenster	5.1
Lobdusche	5.4
Plus/Delta	5.6
Pioneer Cards	5.7
Return on Time Invested	5.8

Schlusswort

Wir hoffen, dass wir Euch mit einer Fülle an spielerischen Instrumenten versorgen konnten, die Euch wirklich in Eurer agilen Transformation unterstützen werden. In der täglichen Begleitung unserer Kunden und Partner auf ihrer agilen Reise erleben wir immer wieder die Höhen und Tiefen, die mit Veränderungsprozessen einhergehen. Veränderungen lösen vielfältige Emotionen aus und sie sind mitunter für die Wirkenden und Betroffenen anstrengend. Aber es lohnt sich! Die von uns beschriebenen Tools helfen Euch dann, einen Schritt aus der Betroffenheit und Emotion herauszutreten, diese Emotionen in spielerische Erkenntnisse zu übertragen und – last but not least – einfach mal zwischendurch Spaß zu haben. Denn:

Eine positive Einstellung zu lösbaren Problemen
ist bereits der halbe Erfolg.
Ernst Ferstl

Und diesen wünschen wir Euch nun von ganzem Herzen!

Ihr habt Fragen oder Anregungen zu dem Buch oder zu einzelnen Tools? Ihr wollt mehr von uns erfahren oder über uns wissen? Nehmt gerne mit uns Kontakt auf unter marketing@hr-pioneers.com oder über die smARt-Haufe-App.

Wie hat Euch das Buch gefallen? – Nehmt Kontakt zu uns auf!

Wollt Ihr Euch noch tiefer mit dem Thema Agilität auseinandersetzten? Dann schaut Euch den Vortrag von André Häusling bei den hafentalks der Invision AG an.

Mythos Agilität – über Sinn und Unsinn des agilen Managements – André Häusling bei den hafentalks

Übersicht der Tags

Ihr sucht Tools für einen bestimmten Zweck oder zu einem ausgewählten Thema? Ihr wollt Euch z. B. mit **komplexen** Systemen auseinandersetzen oder die **Kommunikation** in Eurem Team verbessern? Dann schaut hier in unserer großen Tag-Liste nach! Dort haben wir zu über 30 einzelnen Tags (»Themen«) die jeweils passenden Spiele und Tools aufgelistet. Mithilfe der Tag-Liste habt Ihr eine weitere Möglichkeit, Euch schnell einen Überblick zu verschaffen und zielgenau das passende Tool zu finden.

Tag-Liste

Tag (Thema)	Tools und Spiele	Kapitel
Warm-up	Chair Game	2.1
	Market of Skills	6.3
	Tower of Preference	6.10
Kennenlernen	Treasure Hunt	5.11
	Tower of Preference	6.10
	World Café	6.11
	Your Contribution to the Purpose	6.12
Kauf	Moving Motivators	6.13
	Planning Poker	3.5
	Pioneer Cards	5.7
	Treasure Hunt	5.11
	Play Change	6.4
	Universe of Culture	6.9
	Your Contribution to the Purpose	6.12
	Agile Challenge	4.2
Kreativität	Affinity Map	1.1
	Bilderstorming	1.2
	Customer Empathy Map	1.4
	Triple Nickles	1.9

Tag (Thema)	Tools und Spiele	Kapitel
	Kollegiale Fallberatung	5.5
	World Café	6.11
Innovation	Triple Nickles	1.9
	Bilderstorming	1.2
	Domino Effect	3.4
	Scaled Agile Zoo	3.10
	Agile Challenge	4.2
	Universe of Culture	6.9
Komplexität	Storyboarding	1.6
	Magisches Dreieck	2.2
	Scaled Agile Zoo	3.10
Brainstorming	Affinity Map	1.1
	Bilderstorming	1.2
Aha-Effekt	Chair Game	2.1
	Magisches Dreieck	2.2
	Ruck Zuck	2.3
	Marshmallow Challenge	3.7
	Name Game	3.8
	Boss-Worker-Game	4.1
	Blame Game	5.10
	Tower of Preference	6.10
	Universe of Culture	6.9
Kommunikation	Ruck Zuck	2.3
	Kill a stupid rule	6.5
	Warped Juggle	3.13
	Johari-Fenster	5.1
	Retrospektive	5.2
	Lobdusche	5.4
	Pioneer Cards	5.7
	Plus/Delta	5.6

Tag (Thema)	Tools und Spiele	Kapitel
	Return on Time Invested	5.8
	Retro Timeline	6.7
	Taxizentrale	6.6
	World Café	6.11
Feedback	Johari-Fenster	5.1
	Jeopardy Retrospektive	5.3
	Lobdusche	5.4
	Pioneer Cards	5.7
	Plus/Delta	5.6
	Return on Time Invested	5.8
Kunden-orientierung	Personas	1.3
	Customer Empathy Map	1.4
	Kano-Modell	1.5
	Sweet-Spot-Methode	1.7
	Kill your Company	1.8
	Meddlers	2.4
	Coffee Game	3.2
Gruppenübung	Affinity Map	1.1
	Bilderstorming	1.2
	Kano-Modell	1.5
	Punktabstimmung	4.9
	Storyboarding	1.6
	Sweet-Spot-Methode	1.7
	Kill your Company	1.8
	Triple Nickles	1.9
	Chair Game	2.1
	Meddlers	2.4
	Moving Motivators	6.13
	Ruck Zuck	2.3
	Coffee Game	3.2

Tag (Thema)	Tools und Spiele	Kapitel
	Cynefin Lego Game	3.3
	Domino Effect	3.4
	Kill a stupid rule	6.5
	Magic Estimation	3.6
	Name Game	3.8
	Planning Poker	3.5
	Scaled Agile Zoo	3.10
	Schiffchenspiel	3.11
	Storypointopoly	1.6
	Taschenrechner	3.9
	Warped Juggle	3.13
	Start Doing – Keep Doing – Stop Doing	4.3
	Retrospektive	5.2
	Kollegiale Fallberatung	5.5
	Lobdusche	5.4
	Pioneer Cards	5.7
	Plus/Delta	5.6
	Return on Time Invested	5.8
	Team-Skill-Matrix	5.9
	Blame Game	5.10
	Treasure Hunt	5.11
	Goldfischglas	6.2
	Play Change	6.4
	Retro Timeline	6.7
	Taxizentrale	6.6
	Tower of Preference	6.10
	Universe of Culture	6.9
	Die Palme	4.6

Tag (Thema)	Tools und Spiele	Kapitel
Großgruppe	Magisches Dreieck	2.2
	Ball Point Game	3.1
	Marshmallow Challenge	3.7
	World Café	6.11
Einzelübung	Customer Empathy Map	1.4
	Sweet-Spot-Methode	1.7
	Kill your Company	1.8
	Agile Challenge	4.2
	Pioneer Cards	5.7
	Market of Skills	6.3
Partnerübung	Johari-Fenster	5.1
	Treasure Hunt	5.11
	Blinde Führung	4.7
Team-entwicklung	Moving Motivators	6.13
	Johari-Fenster	5.1
	Treasure Hunt	5.11
	Ahaa! Democracy Wall	6.1
	Market of Skills	6.3
inter-disziplinäre Teams	Taskboard	4.5
	Storyboarding	1.6
	World Cafe	6.11
Zusammen-arbeit	Affinity Map	1.1
	Triple Nickles	1.9
	Coffee Game	3.2
	Scaled Agile Zoo	3.10
	Schiffchenspiel	3.11
	Silent Priorisation	4.4
	Kollegiale Fallberatung	5.5
	Plus/Delta	5.6
	Blame Game	5.10

Tag (Thema)	Tools und Spiele	Kapitel
	Retro Timeline	6.7
	Systematisches Konsensieren	6.8
	Blinde Führung	4.7
Wissens-vermittlung	Marshmallow Challenge	3.7
	Schiffchenspiel	3.11
kontinuierliche Verbesserung	Personas	1.3
	Kano-Modell	1.5
	Sweet-Spot-Methode	1.7
	Meddlers	2.4
	Ball Point Game	3.1
	Coffee Game	3.2
	Kill a stupid rule	6.5
	Magic Estimation	3.6
	Planning Poker	3.5
	Storypointopoly	3.12
	Return on Time Invested	5.8
	Team-Skill-Matrix	5.9
Retrospektive	Jeopardy Retrospektive	5.3
	Retro Timeline	6.7
mit Moderator	Bilderstorming	1.2
	Chair Game	2.1
	Ball Point Game	3.1
	Coffee Game	3.2
	Cynefin Lego Game	3.3
	Name Game	3.8
	Planning Poker	3.5
	Schiffchenspiel	3.11
	Taschenrechner	3.9
	Retrospektive	5.2
	Blame Game	5.10

Tag (Thema)	Tools und Spiele	Kapitel
	Universe of Culture	6.9
	Magisches Dreieck	2.2
	Ruck Zuck	2.3
	Marshmallow Challenge	3.7
	Scaled Agile Zoo	3.10
	Boss Worker Game	4.1
Verbesserung	Triple Nickles	1.9
	Taschenrechner	3.9
	Warped Juggle	3.13
	Agile Challenge	4.2
	Retrospektive	5.2
	Ahaa! Democracy Wall	6.1
	Plus/Delta	5.6
Reflexion	Meddlers	2.4
	Cynefin Lego Game	3.3
	Magic Estimation	3.6
	Storypointopoly	3.12
	Agile Challenge	4.2
	Boss-Worker-Game	4.1
	Start Doing – Keep Doing – Stop Doing	4.3
	Pioneer Cards	5.7
	Play Change	6.4
	Retro Timeline	6.7
	Taxizentrale	6.6
	Jeopardy Retrospektive	5.3
	Die Palme	4.6
Erkenntnis-gewinn	Punktabstimmung	4.9
	Cynefin Lego Game	3.3
	Domino Effect	3.4
	Magic Estimation	3.6

Tag (Thema)	Tools und Spiele	Kapitel
	Name Game	3.8
	Planning Poker	3.5
	Schiffchenspiel	3.11
	Taschenrechner	3.9
	Warped Juggle	3.13
	Agile Challenge	4.2
	Boss-Worker-Game	4.1
	Taskboard	4.5
	Kollegiale Fallberatung	5.5
	Team-Skill-Matrix	5.9
	Blinde Führung	4.7
	Die Palme	4.6
Konflikte	Silent Priorisation	4.4
	Pioneer Cards	5.7
	Retro Timeline	6.7
	Systematisches Konsensieren	6.8
einmalig	Chair Game	2.1
	Universe of Culture	6.9
	Taxizentrale	6.6
Spaßfaktor	Magisches Dreieck	2.2
	Ruck Zuck	2.3
	Ball Point Game	3.1
	Marshmallow Challenge	3.7
	Taschenrechner	3.9
	Tower of Preference	6.10
Bewegung	Warped Juggle	3.13
	Chair Game	2.1
	Magisches Dreieck	2.2
	Ball Point Game	3.1
	Taschenrechner	3.9

Tag (Thema)	Tools und Spiele	Kapitel
Transparenz	Taskboard	4.5
	Ahaa! Democracy Wall	6.1
	Market of Skills	6.3
Organisations-entwicklung	Treasure Hunt	5.11
	Ahaa! Democracy Wall	6.1
	Market of Skills	6.3
Aktiv zuhören	Goldfischglas	6.2
	Ruck Zuck	2.3
	Johari-Fenster	5.1
	Lobdusche	5.4
	Kollegiale Fallberatung	5.5
	Ahaa! Democracy Wall	6.1
	Taxizentrale	6.6
	Tower of Preference	6.10
	Your Contribution to the Purpose	6.12
Entscheidungs-findung	Systematisches Konsensieren	6.8
	Punktabstimmung	4.9
	Kill a stupid rule	6.5
	Silent Priorisation	4.4
	Start Doing – Keep Doing – Stop Doing	4.3
Vertrauen	Taxizentrale	6.6
	Blinde Führung	4.7
	Boss Worker Game	4.1
	Johari-Fenster	5.1
	Lobdusche	5.4
	Kollegiale Fallberatung	5.5
	Your Contribution to the Purpose	6.12
	Moving Motivators	6.13

Literaturverzeichnis

Adkins, L. (2010). *Coaching Agile Teams: A Companion for ScrumMasters, Agile Coaches, and Project Managers in Transition*. Addison-Wesley Professional.

Anderson, K. und Uhlig, J. (2015). *Das Agile Unternehmen. Wie Organisationen sich neu erfinden*. Frankfurt: Campus.

Aperdannier, C. (2007). *Gute Spiele, schlechte Spiele*. Münster. Dialogverlag.

Armutat, S., Dorny, H. J., Ehrmann H. M., Eisele, D., Frick, G. und Grunwald, C. et al. (2016). Agile Unternehmen – *Agiles Personalmanagement*. Frankfurt: Deutsche Gesellschaft für Personalführung e.V.

Brandes, U., Gemmer, P., Koschek, H. und Schültken, L. (2014). *Management Y. Agile Scrum, Design Thinking & Co.: So gelingt der Wandel zur attraktiven und zukunftsfähigen Organisation*. Frankfurt am Main: Campus.

Chalons, C. und Dufft, N. (2016). *Die Rolle der IT als Enabler für Digitalisierung*. In: Abolhassan, F. (Hrsg.). *Was treibt die Digitalisierung? Warum an der Cloud kein Weg vorbeiführt* (S. 27-38). Wiesbaden: Springer Gabler.

Chan Kim, W. und Mauborgne, R. (2005). *Der Blaue Ozean als Strategie*. München: Hanser.

Cohn, M. (2005). *Agile Estimating and Planning*. Prentice Hall.

Derby, E.; Larsen, D. (2006). *Agile Retrospectives: Making Good Teams Great*. O'Reilly.

Dove, R. (2001). *Response Ability. The Language, Structure, and Culture of the Agile Enterprise*. New York, Chichester, Weinheim, Brisbane, Singapore, Toronto: John Wiley & Sons.

Fischer, S. (2016). Definition: *Agilität als höchste Form der Anpassungsfähigkeit*. Verfügbar unter: www.haufe.de/personal/hr-management/agilitaet/definition-agilitaet-als-hoechste-form-der-anpassungsfaehigkeit_80_378520.html.

Fischer, S., Weber, S., Zimmermann, A. (2017). *Agilität heißt ...* Personalmagazin, 40-42.

Gray, D., Brown, S., Macanufo, J. (2011) *Game Storming*. Köln: O'Reilly Verlag.

Groth, T. (2016). *Agilität in Unternehmen*. Verfügbar unter: www.haufe.de/thema/agilitaet/.

Häusling, André (Hrsg.) (2017). *Agile Organisationen*. Freiburg: Haufe-Lexware.

Hauser, B. (2016) *Spielen: Frühes Lernen in Familie, Krippe und Kindergarten*. Kohlhammer.

Hüther, G, Quarch, C. (2016). *Rettet das Spiel!*. München: Carl Hanser Verlag.

Karner, S. (2014). *Facilitator's Guide to Participatory Decision-Making*. (3. überarb. Aufl.). Wiley.

Lippmann, E. (2014): *Coaching – Angewandte Psychologie für die Beratungspraxis*. (3. überarb. erw. Aufl.). Heidelberg: Springer.

Lippmann, E. (2013): *Intervision: Kollegiales Coaching professionell gestalten*. (3. Aufl.). Heidelberg: Springer.

Meadows, D., Sweeney, L., Mehers, G. (2016). *The Climate Change Playbook*. Chelsea Green Publishing.

Senge, P., Kleiner, A., Smith, B., Roberts, C., Ross, R. (2008). *Das Fieldbook zur Fünften Disziplin*, Schäffer-Poeschel.

Sievers, J. (2017). *Agile Transformation spielerisch mit Instrumenten begleiten*, Objektspektrum.

Snowden, D. M. (11/2007). *A Leader's Framework for Decision Making*. Harvard Business Review.

Tietze, K.-O. (2010). *Wirkprozesse und personenbezogene Wirkung von kollegialer Beratung: Theoretische Entwürfe und empirische Forschung*. Wiesbaden: VS Verlag für Sozialwissenschaften.

Die Autorinnen und Autoren

André Häusling

Nach Abschluss seines sozialwissenschaftlichen Studiums hat André als Consultant in HR-Beratungsgesellschaften gearbeitet. Er spezialisierte sich auf das Personalmanagement in IT-Unternehmen und erwarb den Abschluss Master of Arts mit dem Schwerpunkt »Human Resources Development«. In seiner Zeit als Head of HR bei der ehemaligen WEB.DE AG hatte er ab 2005 das erste Mal Berührung mit Scrum und begann, sich mit agiler Personal- und Organisationsentwicklung zu beschäftigen. Nach seiner Wirkungszeit bei der ehemaligen WEB.DE AG leitete er das unternehmensübergreifende HR-Competence Center der IT-Outsourcing Anbieter Fujitsu Services GmbH und TDS AG.

Seit 2010 ist er Geschäftsführer der HR Pioneers GmbH, die sich auf agile Personal- und Organisationsentwicklung spezialisiert. Dazu gehören die Geschäftsfelder Beratung, Events, Trainings, Vorträge und Produkte. HR Pioneers begleitet Unternehmen auf dem Weg zum agilen Unternehmen. In Trainings wie dem Certified Agile HR Manager und Certified Agile Leader erhalten die Teilnehmer wichtige Impulse und Instrumente für ihre Reise.

André ist Initiator der Agile HR Conference, der mittlerweile deutschlandweit größten agilen Management-Plattform für den Austausch zwischen Personal- und Organisationsentwicklern, IT- und HR-Verantwortlichen, Agile Coaches und Scrum Mastern, Führungskräften, Geschäftsführern und Vorständen.

Er hält auf diversen Events und Veranstaltungen Vorträge zu agilen Themen wie z.B. auf der Manage Agile und Jahreskonferenzen namhafter Firmen. In 2015 wurde er vom Personalmagazin auf dem Haufe Talentmanagement Gipfel zu einem der 40 führenden Köpfe des Personalwesens ausgezeichnet.

In 2011 veröffentlichte André gemeinsam mit Boris Gloger das Buch »Erfolgreich mit Scrum – Einflussfaktor Personalmanagement«. In den Folgejahren erschienen Beiträge und Interviews in diversen Fachmagazinen wie dem Personalmagazin oder dem Handelsblatt sowie ein Beitrag »Herausgeberwerk Struktur und Kultur einer Leadership-Organisation« im Springer Verlag. 2017 wird, neben dem Praxisbuch Agilität, das Herausgeberwerk »Die agile Organisation« erscheinen, in dem Unternehmen ihren Weg der agilen Transformation beschreiben.

Esther Römer
Während ihres dualen BWL-Studiums konzentrierte sich Esther bereits früh auf Marketing und International Management. Abschließend beschäftigte sie sich mit der Gestaltung und Entwicklung von Unternehmenskulturen bei Unternehmenszusammenschlüssen im Rahmen ihrer Diplomarbeit. 2003 konnte sie die Diversität von Unternehmenskulturen im Rahmen eines Stipendiums der Carl Duisberg Gesellschaft und einem damit verbundenen Praktikum bei der BP in Malaysia erleben. Mehrere Jahre übernahm sie unterschiedlichste Managementaufgaben bei der BP in Deutschland – immer mit Schwerpunkt Vertrieb, Marketing und Personalmanagement.

Seit Mai 2012 ist sie für den Aufbau und die Weiterentwicklung des Marketingbereichs von HR Pioneers verantwortlich. Sie begeistert sich für den Markenaufbau und eine Entwicklung von HR Pioneers, die auf agilen Werten beruht. Ein besonderes Steckenpferd von ihr ist die Entwicklung und Ausgestaltung spielerischer Instrumente wie z. B. der Pioneer Cards oder Agile Challenge.

Das Schreiben und Veröffentlichen gut geschriebener Texte ist ihr ein Anliegen. In 2016 erschien in Zusammenarbeit mit André Häusling und Martin Kahl für den Bundesverband der Personalmanager die Servicebroschüre »Agile HR – auf dem Weg zum agilen Personalmanagement«. Ebenso begleitete sie 2016 die Serie im Personalmagazin, in der Tools für agiles Management beschrieben wurden. Was in kleinen Elementen angefangen hat, mündet nun in dem Praxisbuch Agilität.

Nina Zeppenfeld
Bereits während ihres Studiums der Wirtschaftspsychologie in Köln beschäftigte Nina sich schwerpunktmäßig mit Themen der Arbeits- und Organisationspsychologie, des Recruitings sowie der Personalentwicklung und wendete ihr theoretisches Wissen in externen, praxisbezogenen Projektstudien auf Fragestellungen des Unternehmensalltags an. Berufserfahrung sammelte sie in einem internen HR-Bereich der Aktion Mensch e.V. rund um die Themen Personalentwicklung, Assessment Center, Konzeption und Projektmanagement.

Im Rahmen ihrer Tätigkeit sowie Masterthesis in Kooperation mit HR Pioneers beschäftigte Nina sich vor allem mit agilen Werten und Haltungen. Zu diesem Zweck entwickelte sie eine Haltungsevaluierung, die den Reifegrad der agilen Haltung sowie Handlungsempfehlungen darstellt. Mittels weiterführender Experteninterviews prüfte sie die Haltungen sowie die Evaluierung auf Herz und Nieren und hielt die Ergebnisse in einem Haltungsmodell fest.

Die Besonderheit der Haltungen von Menschen im agilen Umfeld beeinflusst Nina auch bei der Entwicklung neuer Ideen und Innovationen, um Personal- und Organisationsentwicklung bei HR Pioneers agil zu denken und umzusetzen. Neben der internen Produktentwicklung bringt sie dieses Wissen auch bei diversen Diagnostik Projekten oder agilen Workshops und Seminaren der HR Pioneers ein.

Mehr zu den Autoren findet Ihr auf der Team Seite von HR Pioneers:
http://hr-pioneers.com

Feedback

Wie hat Euch das Buch und die Zusatzinhalte in der smARt-Haufe-App gefallen? Wir freuen uns über Euer Feedback!

smARt HAUFE.

HAUFE.

Ihr Feedback ist uns wichtig!
Bitte nehmen Sie sich eine Minute Zeit

www.haufe.de/feedback-buch